情報技術と情報管理

IT社会の理解と判断のための教科書

深井 裕二 著

コロナ社

まえがき

　「情報管理学」の初版発行から約5年が経過した。その間も，情報に関する状況は日々変化し続けており，情報通信社会で活動するわれわれにとってつねに新しい知識と理解が必要である。本書は，新たな知識を追加して内容を充実させ，時代の変化に追随させたものである。情報管理ということでは，情報倫理や法制度などが重要テーマとなるが，初版では情報管理の背景となる情報技術にも触れた構成となっている。本書でもこの方針を引き継ぎ，情報技術に関する新たな知識を追加した。その分量も多くなったことから内容にあった名称として「情報技術と情報管理」に変更し，情報技術を学ぶニーズと情報管理を学ぶニーズの両方に対応できるようにしたものである。

　初版では，大学において求められる「学士力」教育に対応するという役目があった。その内容は，大学生が持つべき情報リテラシーや情報活用力の習得に関わるものであり，とりわけ情報倫理や情報管理といった領域には実社会における事故・事件・問題等に発展するような重要な要素を多く含んでいる。例えば，著作権・プライバシーなどの侵害や個人情報流出，不正アクセスなどの事態は，人も企業も大きなダメージを受けてしまうような脅威度が高いものととらえるべきであろう。われわれは，これらの関連法規をどの程度知っているだろうか，そして自己の行動が問題になるかどうかを瞬時に判断できるであろうか。法律は，知らなかったでは済まないということが常識であり，ゆえに毎日のように自動車を運転する人は，当然，道路交通法を知っており，それを理解しさまざまな場面で瞬時に判断しているのである。しかし，毎日のようにインターネットを使い，ブログ，ツイッター，動画投稿などで情報の送信・公開の機会を有する人はどうであろうか。こうした人は自動車運転者並みに増えたとしても，危険に対する意識がそれほど高くないかもしれない。それ以前に，自

分の行為が危険となることにすら気がついていないことが想像される。このことは，気づけないほど能力が劣っているのではなく，情報という無形物に対し，その性質や規則がわかりづらいということも大きな要因である。情報倫理や情報管理についてはもっと学ぶ必要があることは明らかであるが，危険に備えるために How-to やマニュアルなどの知識を詰め込んだとしても，変化していく環境で新たな事象に対応できるような応用力は身につきづらい。そこで，つぎのようなスキルの学習が重要となる。

- ・関連技術や背景にある理論，データ分析に関する知識。
- ・情報ツールや情報システムを活用する技能。
- ・収集情報やシステム状況，行動の結果などに対する適切な判断。
- ・自己を律し自ら学び，規範やルールに従って行動できる態度。
- ・物事を明確にし，システムを高度に活用する論理的思考。

　情報通信社会において，これらの知識，技能，判断，態度，思考を用いた行動能力は，企業でも個人でも重要性を増しており，情報の効果的な活用と安全性の高い管理において，さまざまなケースに対応するために不可欠な基盤であろう。つまり，背景となる技術を理解し，情報活用の有用性と危険性に注目する能力，問題の事例を知り，さまざまな事態に遭遇した際の適切な判断・思考する能力が真に身につけたい能力なのである。

　本書は，情報管理の背景となる情報技術や理論の知識，情報ツールの利用技能，情報倫理や法制度を知り行動できる態度，仕組みに対する論理的な思考など，これからの情報管理に関して重要と考えられる要素を取り込み具体的に解説するものである。主たる対象読者層を大学初年次としており，授業の教科書として用いる場合は，1科目の授業で概要的，あるいはポイントを絞って実施することも，また2科目にまたがって詳細に授業を実施することも可能と思われる。大学初年次というと社会人には縁がなく入門書というイメージがあるかもしれない。しかし本書は，決して入門レベルで終わらず，企業人や管理職の立場，また個人の立場においても，あるいは専攻分野・専門分野に関係なく学

習教材や資料として有効であるように配慮し，具体的かつ詳細な情報で構成している。本書によって情報技術と情報管理に関わる幅広い事柄に興味を持ち，情報の持つ脅威に不安を覚えるのではなく，多くを知り理解することによって，まさに生涯学習である「情報」の学習モチベーションを高めていただけることを期待する。

2020 年 5 月

深井 裕二

目　　　次

1．インターネット社会と情報管理

2．情　報　収　集

3.　コンピュータ技術

4. インターネット技術と先進的 IT 技術

5.　インターネットの活用

6.　情報倫理と関連法規

7.　情報セキュリティ

8.　企業と情報システム

9.　データの運用と管理

10.　システム開発とプログラミング

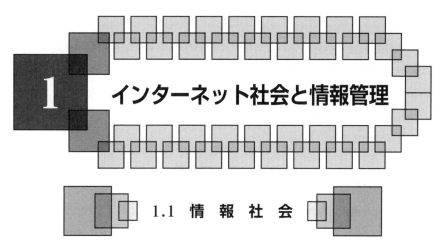

1 インターネット社会と情報管理

1.1 情報社会

1.1.1 インターネットの発展

近年，情報社会においてインターネットは急速かつ広範囲に発展してきた。このような発展に至る要因を考えてみると，一つ目にコンピュータとネットワークによる基盤技術の確立と進歩が挙げられる。それらの技術革新を競争という視点で見ると，企業が自己開発した独自仕様をもって競おうとするのではなく，オープンな仕様に基づいて同じ結果を得るために性能や機能，そして価格で競うようになったことが結果的に発展を加速させてきた。この仕様の標準化は，インターネットのような「つながる」，「広げる」ことを前提とする社会システムにおいて重要な足掛かりであった。二つ目は，人々の情報コミュニケーションというものに対するニーズと行動力であろう。それは，近年の**SNS**（Social Networking Service）の普及と活発な情報発信，スマートフォンの所持，電子メールの日常的な利用などに現れている。それらによって交わされる情報内容は，必ずしも緊急性，必要性，利益への直結だけではない。コミュニケーションそのものが，ごく自然な目的であり価値があると考えられる。

以上の二つの要因は，相互に密接な関係を成しており，好循環によって発展を続けている。技術基盤の提供と人々のコミュニケーション活動のどちらかが停滞しない限り，インターネットによる情報社会の発展はますます続くものと思われる。このような人が集まる場すなわち社会としてインターネットは，そ

の繁栄に伴って新たな問題や事件が増加し，対策としての法律や規範が作られてきたのが現状である。われわれは，その状況の中で安全かつ適切にふるまえるように知識，判断，態度などを身につけることが重要となる。今日，インターネットが欠かせないツールであることは明らかである。新たなインターネット活用スキルを獲得しながら生活や活動をすることがこれからの情報社会のスタイルである。

1.1.2　ICT

ICT（Information and Communication Technology）は，情報通信技術の略であり，コンピュータやネットワークの技術やサービスの総称である。

表 1.1 に示すように，ICT は，スマートフォンや Web を活用したさまざまなサービスをはじめ，医療分野における医療費増加問題の解決策として，また教育分野では教育と学習効果の向上のため，さらにはコンテンツの流通による国民生活の質的向上など，ビジネスモデルや個人のライフスタイルを変化させ，経済発展につながるものである。

表 1.1　ICT の活用事例

分　野	事　例
教育	e ラーニングシステムによる教育支援，電子黒板による学習発表，画像・動画による実験・観察教材，自主学習支援，タブレット PC の活用，インタラクティブな授業
医療	遠隔医療，救命救急支援，医療連携，医療・介護連携ネットワーク，健康促進，子育て支援，高齢者支援
ソーシャルメディア	Google，YouTube，Facebook，Twitter などによる多目的情報発信，広告，プロモーション，マーケティング
モバイル，センサ	GPS，IC タグ，非接触 IC カードを活用したシステム
他国における活用	モバイル送金サービス，オンライン講座，農作物の情報交換，感染症の情報提供（モバイルヘルス）

　総務省による ICT の人材育成政策では，現在急速に高度化，多様化する ICT に対応できる専門的な知識と技能を有する人材を必要視している。このような ICT は，社会的課題の解決や経済成長への一助となり，各国においても産業や

国家競争力を支える中核技術として重要視されている。

　ICT は，用途や使い方が決まっているわけではない。簡単にいうとコンピュータとインターネット，さらに情報コミュニケーションを活用し，従来になかった新たなやり方を実現することで，問題解決法や従来以上の効果を得るものである。解決されていない社会問題は多々あり，さらに社会や仕組みは変化していくものである。それぞれが直面する状況にどう適用させ，どのようなメリットになるかを検討した新たな活用法の考案と実践が期待される。

1.1.3　情報サービス産業

　わが国の情報サービス産業は，一般的に以下のように分類される。なお，情報サービス産業は明確に定義されていないため，該当しない分類においても当てはまるものが存在すると考えられる。ここでは，ソフトウェア開発，システムやサービスの運営，提供にかかわるような業種を取り上げている。

- **情報サービス業**

　　ソフトウェア業（受託開発ソフトウェア業，組込みソフトウェア業，パッケージソフトウェア業，ゲームソフトウェア業），情報処理・提供サービス業（情報処理サービス業，情報提供サービス業，その他の情報処理・提供サービス業）

- **インターネット付随サービス業**

　　ポータルサイト・サーバ運営業，アプリケーション・サービス・コンテンツ・プロバイダ，インターネット利用サポート業

　これらの企業は，情報サービスの提供者であるが，反対に情報サービスを利用する側の企業（ユーザ企業）や政府，自治体が存在する。つまり，情報サービスは消費者の生活や趣味，企業活動や経営，行政業務においてニーズがあり，それらを支えているのである。経済産業省は，情報サービスやソフトウェア産業，ユーザ企業などへの支援による競争力強化，あるいは情報セキュリティや電子商取引基盤の整備といった政策を計画，実施し発展に注力している。

　近年のおもな情報サービス分野を**表 1.2**に挙げる。これらがいわゆる情報

表1.2　おもな情報サービス分野

情報サービス分野	参　考
サーバ＆ストレージ	Web，データベースなどを処理するサーバマシンやデータを保存するストレージは，高レスポンスと24時間運転に対応し，信頼性（対故障性，正しく機能すること）や省電力化が重視される。
ネットワーク機器	インターネットとの接続や構内LAN回線を接続する通信機器は，コンピュータと同等の仕組みで構成され，高い信頼性とセキュリティをはじめとする各種管理機能を持つ。
パーソナルデバイス	PC分野でのノート型，タブレット型やスマートフォンなどが個人の情報機器として主流となってきた。性能以外にもデザインや重量，低価格性が重要視される分野である。
半導体	CPUやSSD（Solid State Drive，半導体型補助記憶装置）などの半導体デバイスはPC業界で特に注目され，高性能化や省電力化の進歩が著しい。
ソフトウェア	Office（Word，Excel，PowerPoint），データベース（Oracle，SQL server），デザイン（Illustrator，Photoshop），グループウェアや商品管理などのビジネス向き製品，電子カルテシステムなどのパッケージソフトウェアを開発，バージョンアップし提供する。
IT アウトソーシング	IT関連の開発業務，運用業務における人材力や設備を提供する。迅速さと費用の面でもメリットが大きい。
SI サービス	ユーザ企業に最適なソフトウェアやハードウェアを組み合せてシステムを構築し，情報システムの開発，導入，運用など総合的なシステム化（System Integration）支援を行う。
インフラサービス	ユーザ企業に最適なネットワークやセキュリティなど，情報システムの基盤を設計，構築，提供する。
クラウドサービス	サーバ，ストレージ，ソフトウェアなどをネットワーク経由でユーザに提供する。サーバ仮想化技術で柔軟な動作環境とメンテナンス性向上，低コスト化を実現。ユーザは雲（cloud）の中にある実体を意識しなくてよい。
ビッグデータ	人の行動記録やWebサイトの履歴など，高頻度で発生する非常に大容量で処理に特別な技術を要するデータに対し，高速で分析するサービス。

　産業や情報系企業の代表的な業務内容であり，特にクラウドサービスなど比較的新しいものが伸びており，今後も成長するものと予測されている。また，さらにビッグデータなど情報処理業務の新分野がビジネスとして注目されている。

1.1.4 情報社会の問題点

インターネットをはじめ情報社会ではさまざまな問題が存在する。それら
は，個人，消費者，企業，組織などあらゆる利用者，提供者において，法的，
倫理的，社会的な問題から，ケースバイケースのトラブルまでさまざまであ
る。特に「情報」や「通信」といった技術の性質に起因しているのが特色とい
える。つぎにいくつか例を挙げる。

- **情報の複製や加工の容易性に起因するもの**

  著作権やプライバシーの侵害，音楽や映像作品の不正アップロード，他人
  の作ったものや他人の顔写真などの無許可による掲載など。

- **情報発信の容易性に起因するもの**

  迷惑メールの大量発信，膨大な情報の検索の手間，情報信憑性確認の困難
  さ，間違った情報を鵜呑みにしてしまう危険性など。

- **システムの脆弱性に起因するもの**

  システムへの侵入や攻撃行為，情報や秘匿情報の盗み出し，人の盲点を突
  くソーシャルエンジニアリング攻撃など。

- **利用者の匿名性に起因するもの**

  誹謗中傷，信憑性のない発言，偽りの発言，悪ふざけ，妨害的行為，ネッ
  トオークションでの粗悪さ，詐欺，犯罪への発展など。

- **情報の拡散性に起因するもの**

  個人情報の流出，コンピュータウイルスの蔓延，デマや信憑性のない情報
  の蔓延，広まった情報が消去不能であるなど。

　これらのような問題点は，情報や通信の技術，情報社会における長所と裏腹
につねに潜在しているものである。防御や対策が緩めばトラブルに遭う可能性
は高まるので，無防備であることはとても危険である。外出時には鍵をかける
ように，最低限の知識と対策をもって日々活動することが必要である。また，
トラブルに遭わせる側にならぬよう，モラルに則って考えて行動しなければな
らない。

1.1.5　情報リテラシーとメディアリテラシー

情報化社会でよりよい生活をしていくためには，**情報リテラシー**や**メディア
リテラシー**などの情報活用スキルが重要であり，技術や社会問題の変化に対応
すべく，これらの能力を生涯にわたって高めていく姿勢が大切である。

広い意味での情報リテラシーとは，ICT やインターネット，図書館などの利
用に関するつぎのようなスキルである。高い情報リテラシーがあればさまざま
な情報作業を自分で効率よく実行でき，組織や対人関係でも有益なスキルとな
る。

●**情報リテラシー**

> - 課題解決のための **ICT** や情報の活用，批判的検討
> - 情報の検索，収集，判断，評価，整理，分析，加工，管理
> - 情報の創出，表現，再構築，発信
> - 情報に関する倫理や問題の理解，情報の適切な取扱い

メディアリテラシーとは，マスメディアやインターネットなどの情報伝達手
段を理解し利用する能力であり，情報の利用だけでなく批判的検討や事実を正
しく読み解く思考力，情報発信力などを含むつぎのようなスキルである。さま
ざまな意図で発信される多量の情報に振り回されず，主体的に判断し活用でき
るようこれらの力を身につけることが重要であろう。

●**メディアリテラシー**

> - メディアの活用やメディア情報の解釈，批判的検討
> - メディア情報の探索，選択，評価，整理，判断，読解
> - メディアを使った表現，発信，コミュニケーション
> - フェイク（嘘），誤情報，偽情報，匿名発信などの性質理解

1.2 情 報 管 理

1.2.1　情報社会のルール

法律（罰則や賠償が適用される），規則（遵守すべき事柄），規範（とるべき行動），マナー（適切な行儀）などは，社会の一員として当然守るべきルールである。情報社会においてもこれらのルールはあるので，インターネットを利用する上で知るべきであり，態度として適切な行動をとることが大切である。

一般利用者にもかかわるような情報関連の代表的な法律をつぎに挙げる。

- 著作権法
- 不正アクセス禁止法
- 個人情報保護法
- プライバシーの侵害（民法）
- 名誉毀損（刑法）

これらは，悪意がなくとも，知識のないままインターネットを活用していると，うっかり犯してしまう危険性がないとはいえない。

例えば自動車運転者が交通違反をした場合，「道路交通法などというのは知らなかった」と言っても通用しない。実際そのようなおかしなことが起きないのは，自動車免許取得にあたり講習や実技訓練が課せられており，合わせて道路交通法の基本的なことは一般的に広く理解されているためでもある。では，インターネットはどうだろうか。最低時間数が決められた講習や実技訓練はあるだろうか。基本的なことは，本当に一般的に広く理解されているだろうか。

1.2.2　情報管理の学習

近年の教育機関では，文部科学省による学習指導要領や教育の情報化に関する手引などに導かれ，情報モラルが学習に取り込まれつつある。低学年層に対

しては身を守ること，高学年層へは知識や責任を理解することなどである。

　大学生，社会人に進むにつれ，行動や考え方も広がり自由度も増し，インターネットの利用目的や活用法も発展する。特にインターネット社会の状況は年々変化し続けており，情報セキュリティを脅かす新たな傾向もつぎつぎと様相を変えてきている。われわれが活用の場を広げると同時にさまざまな脅威にさらされ，場合によっては他人へ害を与えてしまう危険性さえ潜んでいる。

　情報倫理や情報セキュリティが時代とともに変化する性質を理解し，注意と学習を生涯継続することが大切である。「日常生活でなんの役に立つのか」と言われるような知識であれば，勉学は大学までで終了なのかもしれないが，インターネットは日常的に使い，実際役に立っているのが事実である。

　また，コンピュータやインターネットなど，基盤となる情報技術について，知識を獲得することは重要である。専門用語一つとってみても，知らなければ情報管理はもちろん，情報利用にかかわる会話についていけない場面もあるであろう。また，人への指示やトラブルの遭遇などで，状況を人に伝えることがしばしばある。その際も，「つながらない」ではなく「ブラウザでインターネット上のサイトにアクセスしてもページ内容が表示されない」という具体性と的確さをもって，一回の発言で，誤解や疑問が生じにくく難解でもない伝え方ができれば，コミュニケーションスキルとしても望ましい。

　近年の情報企業では **ISMS**（Information Security Management System：情報セキュリティマネジメントシステム）の認証取得が基本となっている。これは情報管理に対してどのように取り組んでいるか審査し，いわば情報管理について信用できる企業なのか認定するものである。その内容で重視される項目の一つに，全従業員に対する定期的な情報セキュリティ教育の実施が挙げられる。情報管理をリードする企業人でさえ繰り返し，そして新しい学習を積むべきだということを示唆している。

1.2.3　利用者と管理者

　情報社会で活動する人々を，情報を利用する側と利用させる側に分けてみた

場合，利用させる側はすなわち管理する側でもある。それぞれ立場が異なるが，いくつかの共通要素がある。

　まず「責任」という面では，利用者は自分の行動に対する責任があり，管理者は利用者に対し，手法や規範を伝えて環境や体制を管理する責任がある。利用者も管理者も，最終的には人や組織を守るという責任に行き着く。

　また「技能」という面では，インターネットの技術基盤の上で，理解し，間違わずに行動するために，身につけておくべき技能が必要となる。利用者と管理者では技能に差異はあるが，学習と経験，訓練によって技能を得る。

　そして「利益」という面では，利用者はインターネットから情報を獲得し，業務を遂行し，商品を購入し，コミュニケーションを行うといった個々の望む利益を目的にしている。管理者は管理業務の遂行が企業全体の利益を支える。

　インターネット社会は，利用者が多数参加し，利用側と管理側によって形成されている。中には個人としてサイトを運営する利用者も多数おり，そのことは利用者が管理者に転ずることを意味する。企業での管理者は，組織的な関与と蓄積された経験のもとに，サイトの運営や管理業務を行っていると考えられる。それに対して，個人による管理は，経験不足と無体制によって十分な対応ができない。複数人による検討やダブルチェック，規定に則った対応の選択などができない環境であるといえる。

　個人が他人に利用させる側になれるということは，だれでも気軽に参加でき，容易に実践できるインターネットの長所である。そして自他ともにトラブルの損害を受けないよう，知識，技能，責任，そしてモラルを持つことが望ましい。

1.2.4　情報活動における非常事態

情報社会では情報を電子データの形で活用することが基本である。電子化されたデータは，サーバ，PC，ネットワークなどさまざまな場所に記憶，転送することができ，それを加工や統合，連携させて活用することが可能である。このことは同時に，情報が意図しない場所へ容易に持ち出されたり，悪用され

たりする可能性を意味している。

そのような事態を回避するためには，どんな情報に対してどのように管理すべきかを理解し，適切な手段を用いることが必要となる。ここで，なぜ管理が必要なのか，どんな事態が起きないようにするためなのかを，つぎにまとめる。

- 外部への情報の流出，外部からの情報の不正アクセス
- 許可のない利用者による情報閲覧，情報利用
- 情報の破壊，消滅
- 情報の利用停止，情報アクセスの性能劣化

できるだけこういった事態が起きないように，事前に管理体制を整備することが望ましい。また，事態が発生した際の対応策を決定，確認しておくことも管理の一環となる。

では，これらを引き起こす引き金となっているものは，どのようなものなのか，つぎに挙げておく。

- 意図的攻撃（悪意の行為，犯罪，内部犯行，秘密漏えい，騙しなど）
- ヒューマンエラー（操作ミス，間違った設定，送信，削除など）
- 非人為的障害（故障，バグ，容量不足，電源障害，通信障害など）
- 自然災害（地震，津波，火災，落雷など）
- その他（伝染病流行による人員被害など）

これらを脅威ととらえ，注意を払って対策を講じることが情報管理やシステム管理の基本となる。

1.2.5　情報管理とシステム管理

情報の取り扱いにあたっては，個人レベルにおいても管理側においても，それぞれの管理手段をとることになる。さらに，電子データを記憶，転送，アクセスする機器やシステム環境に対しても継続的な管理が必要となる。**表1.3**，**表1.4**に，情報および情報システムの管理上，確認が望ましい一般的な事項

表 1.3　情報の取り扱いに対する確認事項

情報の取り扱い	安全性の確保・確認が望ましい事項
入力	• 入力用 PC に情報が残されたりしないか • 入力中の内容を他人に見られないか • その情報は本当に入力しても構わないものか
送信	• 送信先サイトは信用できるか • 送信データは暗号化されているか • 情報収集者は，情報の用途や管理に対して責任などを明示しているか • 送信経路は安全であるか
格納	• 記憶装置に故障対策はされているか • 記憶装置の設置環境は安全であるか • 記憶装置にセキュリティ対策は講じられているか • 格納する個々の情報にセキュリティ対策は講じられているか • その情報は本当に保存しておいて構わないものか • 情報の区別や検索が迅速かつ間違えずに行えるよう，整理や名前付けがなされているか
閲覧	• 閲覧者に対する妥当な閲覧許可が規則として設けられているか • 閲覧中の内容を他人に見られないか • 技術的に閲覧制限されているか • 情報閲覧者と閲覧時刻が記録されるようになっているか • 閲覧内容の複製許可，印刷許可の制限は設定されているか • 閲覧内容が PC に残されたりしないか
持ち出し	• 持ち出し媒体となる携帯型 PC，USB メモリ，クラウド上のストレージ，メール添付など，その情報を持ち出す手段として安全であるか • 持ち出し媒体の使用認証と情報のセキュリティが講じられているか • 持ち出し媒体の紛失や盗難に対策を講じているか • 持ち出し媒体の取り扱いは適切な情報閲覧者に制限されているか • 持ち出し媒体の取り扱い後の情報は確実に消去されているか

についてまとめた。個人レベルの管理では，完璧な確認や対応は難しいものと思われるが，危険性のある行動を自粛し，より注意を払うなどして，安全側に向かうように行動を選択するのが賢明である。

　基本的な取り組み方を考えると，個人レベルの情報管理では，まず自分の情報を守ること，つぎに自分が他人や組織の情報を扱う場合，規則やモラルをベースに，安全性を考えて行動することとなる。また，管理側として情報を管理する立場では，管理の取り扱いと対策にかかわるルールを策定すること，それを利用者へ周知することが必須となる。なお，情報管理の仕事を担当してい

表1.4 情報システムに対する確認事項

システム要素	安全性の確保・確認が望ましい事項
利用者 PC	• PC の保管状態，持ち運び方法は安全か • PC の故障時にとるべき対応は確認済みか • PC にセキュリティ対策は講じられているか • PC にウイルス対策ソフトウェアはインストールされているか • PC にダウンロードやセットアップしたソフトは安全か
サーバ / ストレージ	• サーバの設置状態，部屋の施錠は安全か • 無停電電源装置（UPS）は設置されているか • 記憶装置は二重化（ミラーリング）されているか • サーバのセキュリティ対策は十分であるか • サーバのユーザアクセス権限の設定は適切であるか
ネットワーク	• 通信回線の設置位置は安全か • 通信性能や品質に関する試験は実施済みか • 配線図，構成図，アドレス，マシン名などの資料は整備済みか • 通信機器のセキュリティ対策は十分であるか • 無線 LAN 装置の場合，機能の脆弱性に問題はないか
管理体制	• 責任者と担当者が選出されているか • 管理技術者はスキルトレーニングを経ているか • 運用方針，運用規則，運用手順が決められ，周知されているか • システムやデータのバックアップをどうするか決められているか • システムの記録（ログ）をどうするか決められているか • ハードウェアの検査，テストをどうするか決められているか • 機器の障害時にとるべき対応マニュアルは整備されているか • 停電，自然災害への対応策は考えられているか • 故障やメンテナンスにかかわる費用は準備されているか
利用者	• システムの利用手順や技術に関する教育は実施されているか • 情報倫理や啓蒙に関する教育は実施されているか

なくても，業務によっては情報を利用させる場面，つまり情報管理側の立場をとるケースも起こり得るので，組織力を生かして業務の性質を検証し，方策を検討することが情報管理の実践となる。

　仕事以外では情報管理の責任はあまりないととらえては危険である。クラブ活動，ボランティア，地域活動，近所付き合い，友人付き合いなどでも，著作権やプライバシーの侵害が起こったり情報が流出したりすることのないよう，情報の取り扱いには安全に取り組むべきである。

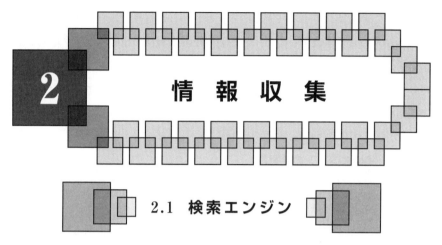

2　情 報 収 集

2.1　検索エンジン

2.1.1　検 索 サ イ ト

　検索エンジン（search engine）は，おもにキーワードを用いて Web ページや Web ページ上の画像コンテンツなどを探すシステムであり，その検索サービスを提供する検索サイト（Yahoo!, Google, Bing など）が広く活用されている。

　われわれ利用者にとって検索エンジンの恩恵は大きい。インターネットのような流動的かつ分類がたいへんな情報源は，たとえ百科事典のように分類，構成されたとしても，望みの情報がどこに分類されているか分類用語もわからないことがあろう。検索エンジンは，任意のキーワードによって検索でき，その結果を見てさらに的を絞ったキーワードのヒントを得るといった，検索のやりかたを学習しながらすばやく柔軟に活用できるツールである。

　情報検索サイトの中には，望みの商品情報を探して比較などができる価格.com や，学術資料に絞った検索ができる Google Scholar など，特定の目的や分野に特化したものもある。excite 翻訳や Weblio 翻訳といった翻訳サイトは，英語のほか，複数の言語と日本語の文章翻訳や単語辞書として機能する。これらも単語などの情報検索ができる有効な手段である。動画共有サイトYouTube でも，キーワード検索によって関連する動画を検索できるので，検索サイトの機能を取り入れたサービスである。

　今日のインターネットでは，キーワード検索は基本的な機能として，あらゆ

るサイトで導入されている技術である。われわれが行う情報収集活動は能率や
正確さが求められるはずなので，こういった検索機能の仕組みとテクニックを
学習することは有益である。そして，人から教わったり，テレビから受け取っ
たりする情報入手だけでなく，能動的に情報収集してインターネットを有意義
に活用することを学びたい。

2.1.2　検索エンジンの仕組み

　検索エンジンは，利用者の問合せに対して即時結果応答するために，サーバ
側にあらかじめデータベースを構築しておき，それをもとに結果の一覧を順序
づけながら表示するようになっている。データベースの情報はある程度の鮮度
と妥当性が保たれており，最近発信された Web ページの内容であっても検索
でヒットし，また結果のトップに表示されるものは，おおよそキーワードに関
連深い妥当なものである。

　図 2.1 に検索エンジンの仕組みを示す。検索エンジンでは，まずクロール
というプロセスを実行する。クロールを実行するプログラム（自動的に活動す
るロボットの意味で**ボット**，Web のクモの巣を移動する様子からスパイダー
とも呼ばれる）が自動的に Web サイトを巡回して，ページ上の情報を収集す
る。このとき，ページ上にあるリンクから別のページやサイトへも巡回活動を

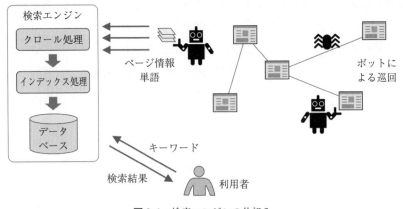

図 2.1　検索エンジンの仕組み

広げていく。このボットは，リンクからアクセスしてページ内容を取得すると
いう点では Web ブラウザと同様の機能を持つプログラムである。

　図 **2.2** は Web サーバの**アクセスログ**の一部である。アクセスログは Web サ
イトへの閲覧があった際の記録ファイルである。1 件目はブラウザに Internet
Explorer を使ったページアクセス，2 件目は Firefox を使ったアクセスであ
り，ともに人間による Web ページの閲覧である。3 件目がボットによるペー
ジ巡回である。このような形で，定期的に検索エンジン側から Web ページを
収集しにきている様子がうかがえる。

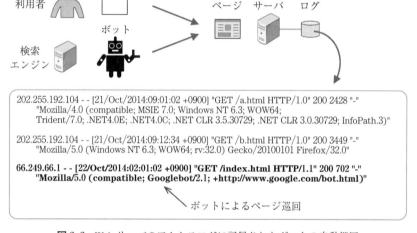

図 2.2　Web サーバのアクセスログに記録されたボットの自動巡回

　クロール処理で収集された情報をもとに，つぎにインデックス作成のプロセ
スによって，ページに出現する単語とページ上の位置や URL などを結びつけ
たインデックスを作成し，データベースに格納する。その後，キーワード検索
した結果については，ページの重要度を表すランクを，PageRank，ページタ
イトル，出現頻度，出現位置，使用 HTML タグなどの多数の要素によって決
定し，結果順位が決まる。PageRank は他のサイトからのリンクに基づいて決
まるため，おのずとインターネット上で重要視されているかが検索結果の順位
にも反映される。

2.1.3 SEO

SEO（Search Engine Optimization：検索エンジン最適化）は，自分たちのページが検索結果で上位にヒットするように，Web ページ上で用いる単語や位置などを検討し，検索結果の上位に表示されるにふさわしい内容を意識したページ作成方法である。サイト作成者は SEO 対策を重視することがあり，例えば魅力ある商品が，より利用者の目に触れるために，Web ページが検索結果の上位に表示されるようアピールしている。

ただし，意図的にランクを上げるのは簡単という訳ではなく，単語やリンクを極端に増やすような不適切な工作をすると，ペナルティを受けてランクは逆に下がるといわれている。また，過度のアピール表現や根拠のない効果の表示，嘘や偽りでページ内容を作っても意味がないことである。それらは企業イメージを損ね，場合によっては消費者庁から誇大広告による行政処分を受けることがある。

正しい妥当な表現を基本にして，そのページの主たる重要語を見出しなどに用いて強調し，わかりやすく明確に構成，記述するのが正攻法である。実際に自分のページを検索するとどのような結果になるか確認してみると，意図したキーワードにヒットしない場合や，不本意な文言による見出し表示になる場合がある。Web ページ作成にあたり，ページを構成する **HTML**（HyperText Markup Language）構文には，検索用のキーワードを指定する命令や，文言を強調指示する命令が備わっているので，それらを活用するのが妥当であろう。

Web は膨大な情報源であるから，一目で何についてのページなのか，わかりやすい作りが望ましい。SEO は，結果的にそういった情報整理と情報検索に一役買っているといえよう。また，利用する側にとっては，ページ内容が検索結果にどのように影響しているかを知り，情報が発信されている意図をとらえることにより，より能率よく検索し，その結果を正しく選別して，情報収集の目的達成につなげることができる。

2.2　情　報　収　集

2.2.1　キーワード検索

　実際のキーワード検索において，一般的な単語で検索すると膨大なページ数
がヒットするが，固有の単語や組合せによって，ピンポイントな検索をするこ
とも可能である。**図 2.3** は「情報処理　学習」という二つのキーワードで検
索した結果例である（"Yahoo! JAPAN"，https://www.yahoo.co.jp/ [†] を参照）。

　キーワードを二つ並べると，論理演算としての AND（論理積，かつ）の機
能となり，この例の場合「情報処理」かつ「学習」の両方を含むページに絞り
込まれる。どれだけ条件にヒットしたかは該当件数で表示され，結果はランク

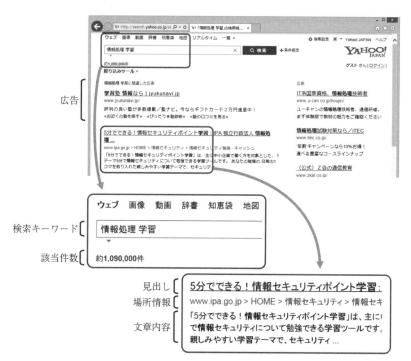

図 2.3　検索サイトによる検索結果の画面

---

　†　Web ページのアドレスは，2020 年 4 月現在のものである。

の高い順に一覧表示される。一覧表示のうち，URL 等の場所情報やキーワードが一致した文章内容の抜粋が表示されるので，求める結果の候補となるか判断する材料になる。なお，検索キーワード入力箇所の上部では，検索対象としてウェブ，画像，動画，地図などがモード選択できるようになっている。

表2.1 に検索に役立つ演算子を挙げる。これらを組み合わせることで，能率よく対象を絞り込んだ検索が可能になる。

表2.1　検索演算子

機　能	意　味	演算子の文法	使用例
AND 検索	すべて含む	単語　単語　…	**情報　管理の仕方　注意点**
OR 検索	どれか含む	単語　OR　単語　…	**情報倫理　OR　情報モラル**
NOT 検索	含まない	単語　−単語	**タブレット PC　−価格**
フレーズ検索	空白含む完全な一致	"単語　単語　…"	**"netstat　−b"**
サイト／ドメイン検索	サイト／ドメイン内に限定	単語　site: ドメイン	**情報セキュリティ　site:go.jp**
リンク検索	特定サイトのリンク含む	単語　link: リンク先	**資格　link:www.ipa.go.jp**
ファイル検索	ファイル形式で探す	単語　filetype: 形式	**情報　手引き　filetype:pdf**
数値範囲検索	ある範囲の日付，価格などを探す	単 語　数 値.. 数 値（.. の前後は空白を入れない）	**情報流出事件　2013..2015**

（参考）　Google：Google ヘルプ，「検索演算子」，https://support.google.com/websearch/answer/136861 を参照。

AND 検索の絞り込みとは逆に，OR 検索は対象を拡大することになる。NOT検索の使用例では，「タブレット PC」の機能等を調べる際，ショッピングサイトなどは除外したい場合，「−価格」によって，ショッピングサイトにほぼ必ず出てくる「価格」に着目し，それらのページを除外している。サイト／ドメイン検索ではドメイン名の性質を利用して，特定の組織（政府機関など）や，例えば「site:.jp」などとすれば，日本のサイトを対象とすることもできる。英語のキーワードで検索する際，外国のページがヒットすることがあるので，言語選択におおよそ活用できる。

これらの演算子を使ったキーワード検索は，Yahoo!, Google などの検索サイト上で可能である。Web 上は情報が膨大であり，例えば「情報」という単語のみで検索すると数億件の結果がヒットしてしまい，どのページが自分にとって重要なのかわからなくなる。適当な結果を得るための基本的な手法は，より固有な単語，より対象が限定される単語や言葉，また複数の単語を使うことである。つぎの検索例 ① 〜 ⑥ の例は，以下の目的によって検索しようとした例であり，それぞれ検索キーワードとそのヒット件数である。

- **検索目的の例**

  クレジットカード番号の個人情報が流出した事件について，信憑性の高い情報を検索する。

- **対する検索方法とヒット件数の例**

① 流出	……	約 46 900 000 件
② 番号　流出	……	約 799 000 件
③ クレジットカード　流出	……	約 876 000 件
④ クレジットカード　流出　事例	……	約 276 000 件
⑤ クレジットカード　流出　事例　−ブログ　−2ch	……	約 64 200 件
⑥ クレジットカード　流出　事例　site:go.jp	……	約 2 830 件

---

① は，思いついたときすぐにイメージした言葉で検索したケースであるが，「流出」だけだと漠然としており，土壌の流出から芸能関連の流出など，的を射ていないものが含まれ，膨大なヒット件数となる。

② は，複数キーワードによる AND 検索なので，かなり絞り込まれるが，「番号」には電話番号などもヒットしてしまう。

③ は，流出対象が「クレジットカード」にほぼ限定される。さらにピンポイントで「クレジットカード番号」に置き換えると約 566 000 件と減少するが，番号だけでなく，氏名その他の情報も含めた結果も切り捨てないなら，絞りすぎないほうがよいかもしれない。「クレジットカード情報」に置き換えてもよい。

④は，「事例」で絞り込んでおり，一般的な情報にさらに目的に応じた的絞りをしている。「事件」に置き換えてもよい。

⑤は，NOT 検索を活用して二つの単語を含むページを取り除いている。検索結果から特定の種類のサイトを取り除くような工夫である。

⑥は，⑤と逆に特定のドメインやサイトに限定する絞り込みである。この場合は政府機関のドメイン名に共通して付く「go.jp」で絞り込んでいる。その結果，例えば以下のような政府機関（およびドメイン名）のページにヒットする。

- 総務省　　　　　　　 …… soumu.go.jp
- 経済産業省　　　　　 …… meti.go.jp
- 警察庁　　　　　　　 …… npa.go.jp
- 金融庁　　　　　　　 …… fsa.go.jp
- 消費者庁　　　　　　 …… caa.go.jp
- 国民生活センター　　 …… kokusen.go.jp　　（独立行政法人）
- 情報処理推進機構　　 …… ipa.go.jp　　　　（独立行政法人）

最も正しい検索方法というものはなく，検索の目的，費やせる作業時間によって方法を調整することになる。Web ページ作成者はすべてが統制され，ルールに従ったページ制作をしている訳ではないので，「このように検索すれば必ずこのような結果が得られる」とは言い難い。さらに，情報の信憑性，具体性，根拠，正確性，文章表現法などもさまざまなので，複数の情報源を比較し，自分が求める情報であるかをすばやく判断する能力が重要である。情報検索は，試行錯誤や経験による学習が求められる技能である。

2.2.2　目的に応じた検索

汎用的な検索サイトは多目的に活用できるが，特定の目的に応じて，それらに特化した情報検索ができるサイトもある。つぎに例を挙げる。

- **Google Scholar**　　…… https://scholar.google.co.jp/

学術資料専用の検索サイト。学術出版社，学会，大学，学術団体の学術

誌，論文，書籍，記事など，学術研究資料の幅広い検索ができる。

- **価格 .com** …… https://kakaku.com/

  多彩な商品分野に対し，詳細なスペック条件による商品検索，販売価格や購入者による評価の比較，消費者の投稿など参考情報が検索できる。いわゆる「口コミ」の情報源である。

- **i タウンページ** …… https://itp.ne.jp/

  全国各地の店舗や施設情報の検索サイト。名称，住所，駅，スポット，地図などから検索可能で，携帯電話やスマートフォンなどへも対応している。

- **ジョルダン** …… http://www.jorudan.co.jp/

  全国の交通機関利用情報の検索サイト。発着駅名から乗換情報，所要時間，金額などが検索でき，鉄道，バス，フェリー，空路の時刻表，定期券料金なども検索できる。

2.3 情 報 利 用

2.3.1 情 報 の 判 断

インターネットによる情報収集にはなんらかの目的がある。それによって求める情報の質，量，幅も異なってくる。どのような目的で情報収集をするのか，つぎにいくつか例を挙げる。

- ニュース，話題の閲覧
- 勉学のための知識獲得
- 知識，用語，仕組みの理解や，わかりやすい解説の閲覧
- 方法，技法，規格，仕様の閲覧
- 企業，学校，病院，施設情報の閲覧
- 店，商品，サービス情報の収集
- 地域，交通，気候情報の収集
- 事例の閲覧
- 評判，意見，感想，口コミ情報の閲覧

> ● **特に目的がなく興味による閲覧**

　ここに挙げたような，ある目的のための情報検索の際，判断や確認にあた
り，つぎのような事項を念頭に置く。なお，それらの事項をどの程度まで重要
視すべきなのかは，目的に応じて判断する。

- ● **目的に適した内容のサイトであるか**

　目的の内容を主として記載しているか，必要な情報の量と幅を持つか，文章
の表現や論理構造が正しく適切であるか，その情報の発信時期はいつ頃か。

- ● **情報の信憑性は高いか**

　情報発信者がだれか示されているか，情報の正確な表現が用いられている
か，何を基にした情報かが示されているか，情報の引用は適切か，その情
報は信用してもよいか。

2.3.2　情報の信憑性

　インターネット上の情報に基づいて自分が何かを判断・立案・実践する場
合，その情報の信憑性を意識すべきである。信憑性の判断は，その情報が信用
できるか，偏見がないか，客観的か，専門知識に基づいた内容であるかなど，総
合的に行うものである。信憑性に関する一般的な判断方法の例をつぎに示す。

> - ● **科学的な根拠（エビデンス）の確認** … その情報に用いられている理
>   論，方法，分析結果などを確認する
> - ● **引用元の確認** … その情報に用いられている引用元を確認する。
> - ● **情報発信者の確認** … その情報の発信者がどのような機関，企業，団体
>   なのか確認する。

　科学的根拠の確認において，例えば実験・調査から得た結論では，それらの
条件や方法が妥当であるか，十分なデータサンプル（データ数）に対する分析
結果であるか，再現性は高いか（偶然性は低いか）などが重要となる。分析結
果においては，効果の有無などを見るために二つのデータの統計学的な**有意差**

（誤差や偶然による違いでなく意味のある差があること）が示されていること
も根拠となる。また，どのような理論に基づくものなのか調べることも判断に
役立つ。

　情報の引用では論文，書籍，Web ページを引用元とする場合が多い。中で
も査読付きの原著論文は著者が独自に行った研究に関する論文である。これは
その分野の有識者複数名による査読（新規性，有効性，信頼性，了解性などの
観点での審査）を経て公開されるため，論文の引用は根拠としてよく用いられ
る。特に複数の論文を総合的に解析した**メタアナリシス**（メタ分析）による論
文は，エビデンスのレベルが最も高い論文とされている。なお，論文に基づく
情報であっても，その研究事例を根拠とすることが妥当なのか判断を要するこ
ともある。例えば，動物実験で効果のあった研究成果を引用し，多くの人間に
も同様の効果があるはずだという前提について，効果の可能性は考えられるが
有効性を断言することは妥当ではない。

　情報発信者の確認も重要であり，これは Web サイトのドメイン名，発信者
の名称，組織紹介，個人情報保護方針である**プライバシーステートメント**など
からおおよそ確認できる。発信者が政府などの公的機関や学術団体，あるいは
有名企業などの場合，社会的な責任・信頼の観点から信憑性の高い情報発信で
ある可能性は高い。なお商品・サービスに関する情報では，PR・販売促進の目
的でメリットやイメージだけが強調されているケースがある。人はそうした表
現に影響されることもあるため，発信目的を考えて総合的に判断するのがよい。

2.3.3　情 報 の 引 用

　一般に，インターネット上に発信された情報は，発信者の著作物であること
が多い。著作権法により，それらを複製して利用するには著作者の許諾が必要
であるが，一定の場合にのみ，著作者の利益を不当に害さなければ，著作物を
複製あるいは利用することができる。例えば，つぎの場合が該当する。

| ● 私的使用のための複製　　……（第 30 条） |

> - 引用　　　　　　　　　　　……（第 32 条）
> - 教育目的の掲載，放送，複製　……（第 33 ～ 35 条）

　引用とは，他人の著作物を自分の著作物の中で紹介，参照することであり，著作者に無断で行っても著作権侵害にはならない。ただし，つぎのような引用の条件をすべて満たさなければならず，それらは具体的に「引用の注意事項」にまとめられる。

引用の条件（第 32 条）

- 公正な慣行に合致するものであること。
- 報道，批評，研究その他の引用の目的上正当な範囲内で行なわれるものであること。

> - 引用の注意事項
>   他人の著作物を引用する必然性があること。
>   必要最低限の範囲の引用であること。
>   かぎ括弧をつけるなどで引用部分が区別されていること。
>   自分の著作物（主）と引用部分（従）の主従関係が明確であること。
>   合理的と認められる方法及び程度（タイトル，著作者名，ページや URL，発行や参照時期など）で出所の明示がなされていること（第 48 条）。

（参考）　文化庁：著作物が自由に使える場合，https://www.bunka.go.jp/seisaku/chosakuken/seidokaisetsu/gaiyo/chosakubutsu_jiyu.html

　さらに，国や地方の機関，独立行政法人などが公開する広報資料，調査統計資料，報告書関係については，つぎのように引用が認められており，転載禁止かどうか確認した上で情報を活用することができる。

> - 国等が行政の広報向けに発行した資料等は，説明の材料として新聞，雑誌等に転載できる。ただし，転載を禁ずる旨の表示がされている場合を除く（第 32 条 2 の要約）。

　著作物に対して，インターネット上から情報を収集して別のものに引用する際，あるいは，本，インターネット上の情報を，インターネット上の自分の発信内容において引用する際に，以上のような事項を守るべきである。また，学術的な論文，研究資料，仕事上の報告資料をはじめ，授業のレポートなどにおいても，他人の目に触れるものであれば，紙，電子媒体問わず，適切な引用の記述を心がけたい。

　つぎに引用の具体例を示す。

- 引用内容の記載例

〈図表の転載〉

図表

　　（出典）　情報処理推進機構：情報セキュリティ読本, p.25, 実教出版（2012）

〈文章の転載〉

　「………引用文………」

　　（出典）　伊庭斉志：人工知能の方法　ゲームから WWW まで, p.35, コロナ社（2014）

- 引用の出所の記載例

　「………引用文………」

　　（出典）　大堀隆文ほか：例題で学ぶ Java アプレット入門, p.45, コロナ社（2013）

- 脚注番号を使って記載するケース

・・・・・・・「………引用文………」[1]・・・・引用者の本文・・・・・

・・・・・・・・・・・・・・・・・・・・・・・・・・・・・・・

・・・・・・・・・・「………引用文………」[2]・・・・・・・・・

（参考文献）

(1) 足立修一：信号・システム理論の基礎，p. 25，コロナ社（2014）
(2) 大倉元宏ほか：視覚障がいの歩行の科学，p. 15，コロナ社（2014）

● **本文中に著者と発行年を記載するケース**

中川ら（1990）は，順序回路の故障診断において時間素子に関する知
識表現を述語論理の範囲内で記述できることを示している。

中川嘉宏，小田匡昭，栗原正仁，大内　東：自動推論による順序回路のパッ
ケージレベル故障診断，電気学会論文誌 C，Vol. 110，No. 8，pp. 500-507（1990）

● **インターネットからの引用例**

「………引用文………」

（出典）　情報処理推進機構：情報セキュリティ，http://www.ipa.go.jp/
security/，Oct. 2014 参照

なお，引用の記述方法は，それぞれ目的の制作物によってルールが決められて
いたり，推奨されていたりすることがあるので，事前に確認することが望まし
い。引用部分やタイトルには「　」などを用いることが多く，英字の場合は
"　"やイタリック体を用いる。

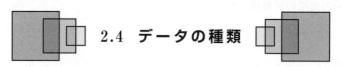

2.4　データの種類

2.4.1　ファイル拡張子

コンピュータおよびインターネット上で扱われる情報には，さまざまなデー
タの種類がある。情報はファイルで保存され，個々のファイルはファイル名，
拡張子，更新日時，サイズなどの属性を持つ。例えば**図 2.4**のファイル名は，
ホームページ内で表示されている画像ファイルの一例であるが，拡張子の部分
「.png」はファイルの種類，すなわちファイルフォーマットを表している。

```
/files/security/img/fig00473.png
              └──┘   拡張子    　.png
         └─────────┘   ファイル名  fig00473.png
    └──────────────────┘   パス名    /files/security/img/fig00473.png
```

図 2.4　ファイル名の構成

2.4.2　ファイルフォーマット

「.png」は，画像フォーマットの一つである **PNG**（Portable Network Graphics）というファイルフォーマットである。画像にも種類があり，圧縮率，画質なども異なり，目的に応じて使い分けている。

　広く利用されているファイルフォーマットは拡張子が決まっており，人もコンピュータも，拡張子を調べることでデータの種類をほぼ判別できる。**表 2.2**は，よく知られているおもな拡張子とそのファイルフォーマットである。ファイルフォーマットを知れば，ダウンロードするファイルや，電子メールの添付ファイルがいったいなんの種類のデータなのか，見当がつくようになる。

表 2.2　おもなファイルフォーマット

分類	拡張子	ファイルフォーマット	特徴
画像 （無圧縮）	bmp	BMP（bitmap） ビットマップ	RGB 形式のピクセル画素で表現。無劣化の原画イメージ，サイズが大きくなる。PC の画面表示などにはこの形式が使われている。
画像 （圧縮）	gif	GIF（Graphics Interchange Format）	256 色，可逆圧縮。アイコンやボタン画像など色数の少ない画像に適している。
	png	PNG（Portable Network Graphics）	フルカラー，可逆圧縮。ホームページ上で活用され，幅広い画像内容に適している。
	jpg	JPEG（Joint Photographic Experts Group）	フルカラー，非可逆圧縮により劣化を伴うが高圧縮が可能。写真データなどに適している。
	tif	TIFF（Tagged Image File Format）	おもに可逆圧縮。異なる解像度や色数の複数の画像データを含めることができる。
画像 （ベクトル）	wmf	WMF （Windows MetaFile）	ベクトル画像フォーマットとして図形描画命令で表現され，ビットマップ画像を含めることもできる。
	emf	EMF （Enhanced MetaFile）	WMF を拡張したベクトル画像フォーマット。

表 2.2　（続き）

分　類	拡張子	ファイルフォーマット	特　徴
画像 （3D）	dxf	DXF（Drawing eXchange Format）	CAD ソフトウェアによる設計図面のフォーマット。2 次元，3 次元のベクトル情報で表現される。
	fbx	FBX（filmbox）	3D オブジェクトのポリゴン，テクスチャ，ライト，カメラ，アニメーションなどの総合情報を汎用的に扱うことができる。
	obj	OBJ （wavefront OBJ）	3D の中間データ形式。ポリゴンやテクスチャ座標で表現される。拡張子 obj にはプログラミング言語による翻訳後の中間フォーマットもあり，これとはまったく別物である。
	stl	STL （Standard Triangulated Language）	立体物の形状を三角形要素により表現。3D プリンタの入力形式として使われている。
画像 （複合）	eps	EPS（Encapsulated PostScript）	ベクトルとビットマップの両方のデータ形式を含むことができ，画面やプリンタによって高詳細な図形を出力できる。
	pdf	PDF（Portable Document Format）	ベクトル，ビットマップ，フォントなどのデータを含み，電子文書として扱える形式。画像品質の調整や，編集および印刷の禁止，データ入力機能なども持つ。
画像 （その他）	ico	アイコンファイル	内部に格納されている画像はビットマップや PNG，複数のサイズのアイコンを格納。
動画	avi	AVI （Audio Video Interleave）	動画と音声をさまざまな符号化方式（コーデック）により格納。劣化を避け無圧縮動画用に使用することも多く，その場合はサイズが非常に大きくなる。
	mpg	MPEG （Moving Picture Experts Group）	おもに MPEG-1（VHS 品質），MPEG-2（DVD 品質）の形式による高圧縮動画フォーマット。
	ts	TS （Transport Stream）	MPEG-2 動画を転送するための形式。地上波デジタルや BS デジタルなどの放送，Blu-ray への記録にも使用されている。
	mp4	MP4 （MPEG-4 part 14）	コーデックはおもに動画に H.264/MPEG-4 AVC，音声に AAC を用い，HDTV クラスの高ビットレート用途や，モバイル向けなどに使用されている。高圧縮かつ低劣化。
	flv	FLV（FLash Video）	インターネット上の動画配信に使用されている。MP4 と同じコーデックを用いる場合もあり，高圧縮で高品質の配信が可能。

表 2.2 （続き）

分　類	拡張子	ファイルフォーマット	特　徴
音声	wav	WAVE（RIFF waveform audio format）	おもに無圧縮であり，PCM サンプリングデータ用として使用される。音声を加工処理する際など，いったんこの形式に変換して行うことが多い。
	flac	FLAC（Free Lossless Audio Codec）	可逆圧縮による無劣化の形式。CD 音楽品質向きであり，mp3 よりも原音に忠実な再生ができる。
	mp3	MP3（MPEG-1 audio layer-3）	非可逆圧縮方式。人間の聴覚心理を利用した圧縮が特徴で，音質劣化をあまり感じさせず高圧縮が可能。
	m4a	AAC（Advanced Audio Coding）	MP3 を超える高音質・高圧縮を目的にした方式。ゲーム機や携帯機器などで使用されている。
	ac3	AC3（Dolby digital, Audio Code number 3）	5.1ch サラウンドなどの音声圧縮により，映画，DVD，BD，ゲームソフトなどの音声用に使用されている。
テキスト・HTML	txt	テキストファイル（text file）	文字情報のみによるファイル。多目的に使用される。
	html	HTML（HyperText Markup Language）	ホームページ記述用言語によるテキストファイル。ホームページそのもの。
	css	CSS（Cascading Style Sheets）	Web ページのデザインについて記述したテキストファイル。HTML ファイルに取り込んで使用する。
プログラム	exe	実行可能ファイル（executable file）	プログラムファイル。CPU が解釈実行できる形式。CPU のマシン語によるバイナリ（2 進数値）ファイル。
	dll	DLL（Dynamic Link Library）	実行可能ファイルから呼び出されるライブラリ。部分的なプログラム。
	sys	SYS（system file）	OS のハードウェア機能に関するデバイスドライバのファイル。部分的なプログラム。
	bat	バッチファイル（batch file）	OS のコマンドによる自動処理手順を記述したテキストファイル。
	vbs	VB スクリプト（Visual Basic script）	スクリプト言語 Visual Basic script によって記述されたプログラム。テキストファイル。
	js	JavaScript	スクリプト言語 JavaScript によって記述されたプログラム。テキストファイル。
	scr	スクリーンセーバー（screensaver）	スクリーンセーバーの動作プログラム。

3 コンピュータ技術

3.1 コンピュータとその種類

3.1.1 PC と携帯端末

コンピュータとは，パソコン（PC）やサーバを指す場合が多いが，スマートフォンなどの携帯端末もコンピュータと仕組みは同じであり，家電製品の多くにもマイコンチップとして内蔵されている場合が多く，コンピュータの仕組みを持つものは，いたるところに存在する。PC やサーバは，使用目的が汎用的であることが他との大きな違いである。それらはさまざまなソフトウェアの導入により使用目的が変わる。PC や携帯端末は，それ自身による情報処理のほか，サーバに接続して情報や処理結果を受け取る使い方（クライアント）としての用途もある。

PC には，デスクトップ型，ノート型，タブレット型などがあり，形状，処理能力，携帯性などが異なる。特に，片手で持つことができ，あるいは身につけて持ち歩けるような携帯性に優れたものは，携帯端末と呼ばれる。タブレット PC，スマートフォン，携帯電話などである。近年の情報通信機器の利用形態としては，PC と携帯端末の両方を所有して，使い分けたり，情報を連携させたりするなどの使い方が増加している。

PC の利便性としては，大きな画面とキーボード入力による作業能率がよいこと，処理能力が高いことが挙げられる。それらを生かして，文章作成，表計

算，プログラミング，設計，デザインなど，汎用目的で個人としても仕事においても，使用されている。

デスクトップ型 PC（**図 3.1**）は，一般に処理能力が高く，ディスクの増設やハードウェアの追加など拡張性に優れている。本体の容積が大きいため，内部にハードウェアを複数取り付けたり，排熱性がよいため，より高性能な処理装置を内蔵したりできる。また，ディスプレイも 20 インチ以上の大型のものを組み合わせて使用でき，より高解像度の画面表示が可能である。高性能を追及した 3D ゲーム向きの製品や，設計開発の作業用のワークステーションと呼ばれる種類の製品もある。

ノート型 PC（**図 3.2**）は，薄型で持ち運びを可能にしており，バッテリで動作するのが特徴である。拡張性は低いが携帯性が高い。すでに機能を凝縮し

（a） HP ENVY 700   （b） HP ENVY Recline23 Beats SE

図 3.1 デスクトップ型 PC（写真提供　日本ヒューレット・パッカード）

（a） HP Pavilion 15-p000   （b） HP Pavilion 11-n000 x360

図 3.2 ノート型 PC（写真提供　日本ヒューレット・パッカード）

てあり余分なスペースが存在しないため，内部にさらなる増設はできないケースが多い。実用的なバッテリ駆動時間の確保と排熱事情や内部容積から，処理性能や記憶容量を高めることは容易ではなく，高性能さを追及するのには向かない。厳しい条件をクリアし携帯性の優位さがあるため，同じ性能で比較した場合，デスクトップ型よりもノート型の価格は一般的に高い。

　さらに携帯性を重視したのがタブレット型（**図3.3**）であり，キーボード部分を省略してディスプレイのみの形状となった。入力手段は画面を手で触れるタッチインタフェースが主流であり，タブレットペンを使用できるものもある。タブレット型の優位性としては，画面上で入力できること，および手で持った状態でも操作できることが挙げられる。それだけ軽量化もされており，携帯性を重視した形状と長時間のバッテリ駆動性能が特に高い。それにより，机上で使用するケースでもノート型のように AC アダプタにはつながず，自由に置き換えたり手に取ったりと，本やノートのような扱い方に近づく。反面，処理性能は低く，大量の文章入力には向かない。場所をとらずすばやい情報閲覧ができ，電子書籍の閲覧スタイルとしてもタブレット型が主流になっている。

（a）　HP ElitePad 1000 G2　　（b）　HP Slate 7 Beats　（c）　HP Slate 7 Extreme
　　　　　　　　　　　　　　　　　　　　 Special Edition

図3.3　タブレット型（写真提供　日本ヒューレット・パッカード）

　スマートフォンや携帯電話は，手に持ったままの使用を想定しており，片手だけでも操作可能である。電話回線による通話機能を持ち，インターネットへの接続もでき，いろいろなアプリケーションも利用できる情報通信機器である。

　こうした携帯端末が発展すると，**ユビキタス**（ubiquitous）社会などの言葉が意味する「いつでも，どこでもつながる社会」が実現でき，情報通信社会の活性化を高め，経済発展やさまざまな課題解決につながる。反面，社会問題や法整備の必要性などがクローズアップされ，安心して利用するためには理解や注意，管理が必要になる。

3.1.2 サ　ー　バ

　PC や携帯端末がクライアントならば，その処理要求を受け，結果の情報を提供する側がサーバである。サーバという用語は，サービスを提供するという意味を持ち，サーバマシン（**図3.4**），あるいは各種サーバソフトウェアを指す。

　サーバの性質は，複数のクライアント PC からの処理要求を受け，それらに個別に結果を返すといった動作を同時処理することであり，24 時間無停止で稼働させることが多い。そのため，サーバマシンには特に高性能や高耐久性設計が求められる。

（ a ）　HP Integrity NonStop　（ b ）　HP Integrity BL890c i2　（ c ）　HP Integrity rx2800 i4
NS2400

図3.4　サーバマシン（写真提供　日本ヒューレット・パッカード）

　また，サーバマシン上で動作する Web サーバなどのサーバソフトウェアは，複数クライアントの要求を同時に処理できるようなマルチスレッド処理を前提とした作りになっており，クライアントから情報の書き込みなどが同時に

発生しても, 安全に処理される。なお, 処理内容の複雑さや同時要求の多さに
よっては, サーバの性能が追いつかず, クライアントが待たされる状況が発生
することがある。

このような高負荷に対応すべく, より高性能なスペックや, 複数のサーバを
用意するなどの対策が必要になることがある。また, データはサーバマシンに
集中して保存されることも多く, サーバの故障はデータの損失やサービスの停
止につながり, 24 時間連続稼働の信頼性（故障によって停止しないこと）が
低下する。対策として, ディスクやサーバを**二重化（ミラーリング）**すること
で, 故障時の稼働続行を可能にする。仮にハードディスクの故障率を 0.01 と
したとき, ディスクのミラーリングによって, 片方が故障しても他方で処理継
続ができ, さらに 2 台が故障する場合, 両方が故障する確率は $0.01 \times 0.01 = 0.0001$ となり, 1 台構成よりも故障率が低くなるため, 信頼性が高まる。

サーバマシンは PC と比べて信頼性が重要視されるが, ほかにも, 管理的な
機能が求められ, **ロギング**（記録）機能などが必要となる。ログファイルは,
ソフトウェアの稼働状況, エラーの発生, セキュリティ上の事象発生, アクセ
ス状況など, 異常検出や状況分析, 証拠保全のために利用される。サーバマシ
ンはとりわけ不正侵入などの攻撃対象にされるため, それらの侵入経路の抜け
道（**セキュリティホール**）などを閉鎖するための**ファイアウォール**（防火壁）
のソフトウェアを機能させている。これはサーバマシンにある複数の入口
（**ポート**）を開け閉めする機能であり, 例えば Web サーバとメールサーバへの
入り口は開けてアクセスできるようにしておき, 他をすべて閉じる, といった
ように必要な入り口だけを開けることになる。

3.1.3 マイコンと組込み

家電製品やコンピュータ以外の機器に, コンピュータシステムを含めたもの
を**組込みシステム**, あるいは**エンベデッドシステム**（embedded system）とい
う。コンピュータの処理チップの働きで, 機器の複雑な動作制御などを集中的
に行うことができる。それにより, 機器の回路や構造をシンプルにしつつ, よ

り高機能化させることが可能である。組込みは，家庭用機器，通信用機器，産業用機器，医療用機器など多くの電子機器に用いられている。

　組み込まれるコンピュータとして，PC などの汎用コンピュータに内蔵する **CPU**（Central Processing Unit）と同種の**マイクロプロセッサ**（microprocessor）や，マイコン（**マイクロコンピュータ**（microcomputer））チップが搭載される。マイコンには，**マイクロコントローラ**（microcontroller）や，**PIC**（Peripheral Interface Controller）**マイコン**があり，こられは CPU，メモリ，入出力制御装置などを1チップに収め，プログラム（**ファームウェア**（firmware）という）を記憶させておき，単体で基本動作ができる超小型のコンピュータシステムで，ワンチップマイコン（**図 3.5**）と呼ばれる。デスクトップ型などの PC 内には，コンピュータの基本要素である

マザーボード（motherboard）が入っており，A4 ノートサイズ程の基板に CPU やメモリ，入出力制御装置が配置されている。いってみれば，ワンチップマイコンは指先に乗るサイズのマザーボードである。

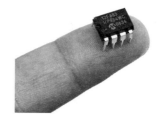

図 3.5　ワンチップマイコン

　IC チップのメリットは，複雑な電子回路を半導体に集積することで，超小型かつ低消費電力で動作することが可能となり，大量生産によってコストが低下することである。その小型形状と汎用性により，電子機器であればさまざまなものに組み込むことができ，高機能化と低価格化の両方にメリットがある。

　組込みで用いられるファームウェアは，プログラミングにより複雑な処理も記述可能であり，機器に装備されたセンサ，スイッチ類，メニュー操作から得られる入力を判断し，演算処理や一定時間待機などを行い，出力として機器のさまざまな部分へ信号を送り動作させ，状態を表示させる。

　また，決められた動作のみ行う電子回路と異なり，プログラムによりバグ修正やバージョンアップで後から書き換えることが可能であり，機器の部品や構造を変えることなく，機能を追加，更新することが実現でき，メンテナンス性

も高い。ファームウェアは，通常 PC などでプログラムを開発し，完成した
コードを機器やマイコンへ転送するスタイルをとる。転送されたファームウェ
アはマイコン内の**フラッシュ ROM**（flash ROM）に書き込まれ，電源を切っ
ても記憶内容は消えない。プログラミング言語には C 言語などが用いられる。

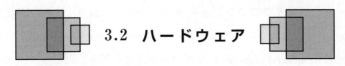

3.2　ハードウェア

3.2.1　コンピュータの5大機能

コンピュータは，基本的に**図 3.6**のように「制御装置」，「演算装置」，「記
憶装置」，「入力装置」，「出力装置」の五つの機能で構成され，コンピュータの
5大機能と呼ばれている。

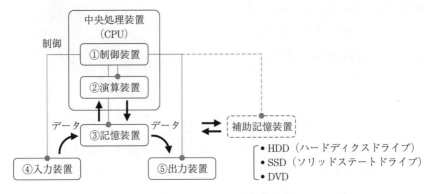

図 3.6　コンピュータの5大機能

このうち，**制御装置**（control unit）と**演算装置**（arithmetic logic unit）を合
わせて**中央処理装置**（CPU）としている。プログラムの実行中は，制御装置か
ら CPU 内部および外部に出される信号によって，各部が決められた動作をす
る。演算装置は，算術演算や論理演算を実行する。また，記憶装置は，実行中
のプログラムやデータを格納する**主記憶装置**（main memory）と，多数のアプ
リケーションや各種データを保管する大容量の補助記憶装置がある。

3.2.2 CPUとマザーボード

　CPU（**図3.7**）は制御と演算の機能を有し，さらに浮動小数点（実数）演算ユニットやレジスタ，キャッシュメモリなどで構成される。それらの装置間でデータが電気信号としてやりとりされ，一度にどれだけの信号を送るかで，8 bit，16 bit，32 bit，64 bit などの種類があり，CPU の規模と処理性能が異なる。

（a）表　　　　　　　　　（b）裏

図3.7 CPU の外観

　もう一つ性能に影響する要素としては，**クロック周波数**がある。これは，CPU 内の各装置の動作テンポであり，単位は GHz などの周波数単位（1秒間にどれだけ振動するか）が用いられている。クロック周波数が高いと高速動作するが，そのためには電子回路に加える電圧を上げる必要があり，発熱が大きくなり，正常な動作が厳しくなる。そこで，半導体製造プロセスの微小化によって，高速化かつ低消費電力（低発熱）化が実現され，進歩を遂げている。

　近年の CPU は**マルチコア**（multiple core）が主流となってきた。これは，一つの CPU パッケージの中に，複数の CPU 機能（コア）を構成することで，複数のプログラムを同時に実行させる（**並列処理**）技術である。マルチコアは，複数の処理が同時稼働する状況で能力を発揮するため，サーバなどに適している。また，各種 PC でも，バックグラウンドでさまざまな処理が稼働していることがあるため，並列処理の効果が発揮されるケースが多い。**図3.8**（a）のように，プログラムは**スレッド**と呼ばれる実行単位で構成され，CPU は実行待ちのスレッドをつぎつぎと実行していく。図（b）のように CPU コアが

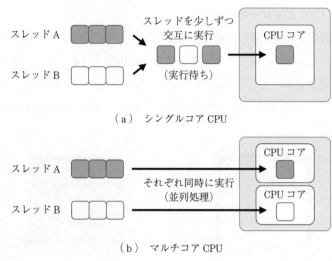

（a）シングルコア CPU

（b）マルチコア CPU

図 3.8　CPU コアの概念図

二つあれば，同時に二つのスレッドを実行できるので，大雑把にいえば瞬間的に 2 倍の処理性能となる。

　マルチコア技術には，さらに**論理コア**というものがある。CPU コアには，整数演算用や浮動小数点演算用など，複数の演算装置が含まれており，スレッドの実行では，それらの演算装置を常時すべて使用するとは限らない。そこで，空いている演算装置を使って他のスレッドを実行できれば，さらに並列処理ができる。これは，CPU コアという一つの物理的な装置内に，あたかも仮想的なコアが二つあるかのように見えるので，論理コアと呼び，性能を高めるのに有効である。**図 3.9** は CPU コアを二つ，それぞれ論理コアを二つ持ち，計四つの**論理プロセッサ**があるように見える例である。

　この画面は，**Windows** 画面の最下部にあるタスクバーを右クリックして「**タスクマネージャ**」というツールを起動し，「パフォーマンス」を表示した状態である。各コアの負荷状況が CPU 使用率グラフとして表示される。また，現在実行中（実行待機中）のプロセス数（プログラム数）とスレッド数も表示され，画面に現れずバックグラウンドで動作するプログラムの多さがわかる。

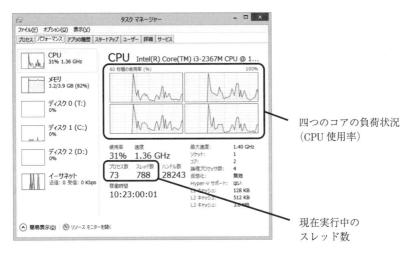

四つのコアの負荷状況
（CPU 使用率）

現在実行中の
スレッド数

図 3.9　タスクマネージャによる CPU パフォーマンス表示

スレッド数が多く，CPU 使用率が高いほどマルチコア化の有効性が高まる。

　マザーボードは，CPU やメモリ，拡張カードなどを接続するための基板で
あり，さらに，チップセットと呼ばれる IC チップが搭載され，メモリ，補助
記憶装置，LAN，サウンドなどの制御を行っている。マザーボードには，各装
置の接続用のスロットやソケットがあり，それぞれ規格が存在するので，すべ
ての装置に対して個々に規格を合わせる必要がある。

3.2.3　メモリとキャッシュ

　メモリはコンピュータのあらゆる装置に内蔵されている。主記憶装置は，数
GB（ギガバイト）の容量を持ち，実行中のプログラムやデータを記憶する。

　キャッシュメモリ（緩衝記憶装置）は，CPU やハードディスク内に内蔵さ
れ，**図 3.10** のように，アクセス速度に大きな差がある二つの記憶装置間に配
置することで，プログラム実行時のデータアクセス速度を総合的に向上させる。

　例えば，図の A というデータを低速側から高速側に読み込む際，低速側が
ボトルネックとなり，高速側の性能がよくても速くならない。いったんキャッ
シュメモリに読み込んでおけば，そこから高速側への転送については，速度差

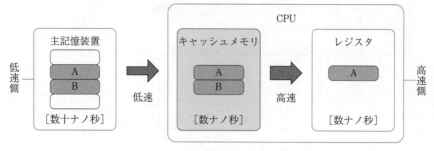

（a） CPU のキャッシュメモリ

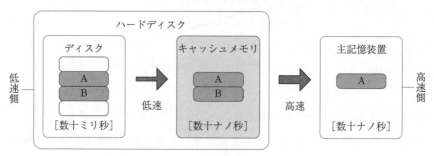

（b） ハードディスクのキャッシュメモリ

［　］はアクセス速度を表す。

図 3.10　キャッシュメモリの仕組み

がほとんどないため時間損失が抑えられる。特に，何度も同じデータ A を高
速側が使用する場合，すでにキャッシュメモリに A はあるので，非常に効果
が上がる。キャッシュメモリの容量が大きいと，ヒットしやすくなり性能向上
につながる。

3.2.4　補助記憶装置

主記憶装置は，**揮発性**（電源を切るとデータが消失する）タイプの記憶装置
であり，また，大容量化はコストが高くなってしまう。補助記憶装置は，**不揮
発性**かつ大容量化が実現しやすい記憶デバイスであり，ソフトウェアのインス
トールやデータファイルを保存する際に必要不可欠である。

　PC に接続する補助記憶装置は，ハードディスク（磁気ディスク）が一般的

であり，3.5インチ型や2.5インチ型（ノートPC向け）などで，近年は
SATA規格によるデータ転送方式が主流である。ディスクドライブ内で円盤が
毎分5 400〜15 000回転し，容量は数TB（テラバイト）に達する。

　ハードディスク装置は，コンピュータシステムの中でも，比較的故障率の高
い精密機器である。故障時には，システムの停止やデータの損失などの深刻な
事態となるため，サーバマシンでは**RAID**（Redundant Arrays of Inexpensive
Disks）技術により，二重化して運用するケースが多い。RAIDには，**図3.11**
のように，データを分散し並列アクセスにより処理速度を高めるRAID 0，冗
長化することで信頼性を高めるRAID 1，それら両方の機能を持つRAID 5な
ど，いくつかの種類（RAIDレベル）がある。

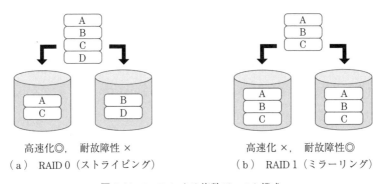

高速化◎，耐故障性 ×　　　　　　　　　高速化 ×，耐故障性◎
（a）　RAID 0（ストライピング）　　　　（b）　RAID 1（ミラーリング）

図3.11　RAIDによる複数ディスク構成

　SSDは，ハードディスクの代わりに使用できる半導体ディスクである。高
速アクセスができ，内部に回転する機構がないため，衝撃の影響を受けにく
く，低消費電力や軽量，薄さなどのメリットもある。

　ハードディスクのほかにも，二次的な補助記憶装置として，広く活用されて
いるのが，**CD-ROM**，**DVD**，**Blu-ray**などの光ディスクである。光ディスク
は記憶メディア（媒体）が着脱可能で，大量のデータ保管やバックアップ用，PC
間のデータ交換に利用できる。情報管理においてバックアップは重要である。

　光ディスクには，書き込みや書き換えができるかなどより規格が複数ある。
おもな規格を**表3.1**に示す。なお，記録方式には片面だけでなく両面もあり，

表3.1　光ディスクメディアのおもな規格

記録方式		CD	DVD	Blu-ray
容量	1層・片面	650〜700 MB	4.7 GB	25 GB
	2層(DL)・片面	—	8.5 GB	50 GB
書き込み不可		CD-ROM	DVD-ROM	BD-ROM
書き込み1回可能		CD-R	DVD-R DVD+R	BD-R
書き換え可能		CD-RW	DVD-RW DVD-RAM	BD-RE

　また，サイズは一般的に直径12 cmであるが，小型の8 cmのものもある。さらに，Blu-rayでは4層以上の記録方式も実現されている。一方，これらのメディアを読み書きするドライブ装置は，複数のメディアを読み書きできるものや，読み書き速度性能の異なるものがある。

　市販されているCD-R，DVD-R，BD-Rなどの記録メディアには，データ用と録音あるいは録画用の2種類の製品がある。データ用と録音・録画用では，CPRM対応を除き，記録方式の技術や規格に違いはないと考えてよい。これは，音楽や映像作品を私的利用のためにコピーする際，デジタル方式のダビングには著作者に対して補償金を支払う義務があり，その分が価格に組み込まれ，両製品の違いとなっている（著作権法30条2項）。また，デジタルテレビ放送の録画は，DVDの場合**CPRM**（Content Protection for Recordable Media）という著作権保護技術に対応した記録メディアでなければ，録画できない。

　〔1〕**データ用**　おもにPCなどで用いるプログラム，文書ファイル，画像ファイルや，利用者によって作成されたあらゆるデータを保存するための記録メディアである。利用者による著作物なら，音楽・映像を保存しても問題ない。例えば，運動会での自分の子供の映像をハンディビデオカメラで撮ってコピーや保存をする場合などである。

　〔2〕**録音・録画用**　音楽作品や映像作品に対し，私的使用を目的とした個人または家庭内での複製において，デジタル方式で録音・録画・ダビングし保存する場合は，録音・録画用メディアのほうを購入すべきである。私的録音

補償金制度によって，1〜3％の補償金を製品価格に上乗せする形で徴収される仕組みをとっており，購入した時点で補償金を支払ったとみなされる。

〔3〕　**録画用 DVD**（**CPRM 対応**）　　地上波デジタル放送やBSデジタル放送は，録画コピー1回まで（コピーワンス），あるいはダビング10回まで（ダビング10）という制約がある。録画を記録メディアに保存する場合は，CPRM対応機器（DVDレコーダなど）によって録画内容が暗号化され，CPRM対応メディア（DVD-Rなど）に保存される。CPRM対応メディアには，通常のメディアと異なり，暗号処理に使用するメディアIDという情報が記録されている。これによりさらなるコピーを防止している。

3.2.5　入 出 力 装 置

代表的な入力装置として，キーボード，マウス，タブレット，タッチパネル，マイク，カメラ，スキャナ，カードリーダ，バーコードリーダなどがあり，出力装置には，ディスプレイ，プリンタ，スピーカーなどがある。

これらは，**USB**，**VGA**，**HDMI**，**LAN**，**シリアル通信**などの入出力インタフェースによってPCと接続する（**図 3.12**）。入出力装置は種類が多数あり，

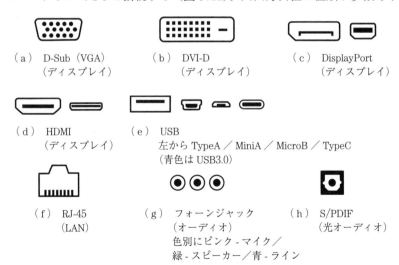

（a）D-Sub（VGA）（ディスプレイ）　（b）DVI-D（ディスプレイ）　（c）DisplayPort（ディスプレイ）

（d）HDMI（ディスプレイ）　（e）USB　左からTypeA／MiniA／MicroB／TypeC（青色はUSB3.0）

（f）RJ-45（LAN）　（g）フォーンジャック（オーディオ）色別にピンク-マイク／緑-スピーカー／青-ライン　（h）S/PDIF（光オーディオ）

図 3.12　代表的なPCの入出力インタフェース端子

必要に応じてオプション部品のように追加接続できる。例えば，タブレット PC などでも，USB インタフェースを持っていれば，マウスやキーボードを接続でき，ディスプレイのある PC でも，2 台目のディスプレイを HDMI インタフェースで接続してマルチモニターとして利用するケースもある。

3.2.6　GPU と 3D グラフィックス

GPU（Graphics Processing Unit）は，画面にグラフィックス出力するための装置であり，マザーボードに差し込む拡張カード型や，CPU に内蔵されるタイプなどがある。GPU は，ウィンドウ上の GUI 要素や図形の描画，画像や動画の表示，**3D グラフィックス**の演算から描画まで，画面出力全般を処理する。これは CPU に代わって高速なグラフィックス処理を行い，CPU の負担を軽減しつつアプリケーションソフトの表示性能を向上させるものである。

　GPU の持つ 3D グラフィックス機能の高性能化により，リアルタイム性と表示クオリティが向上し，ゲームなどでは欠かせないデバイスとなった。また，その処理能力を生かして，汎用の並列演算に利用する **GPGPU**（General-Purpose computing on Graphics Processing Units）技術が発展している。これは，GPU がマルチコア CPU のように，複数の演算コアを持ち，並列演算性能が高いためである。CPU における数個規模のコア数に対し，GPU は数百個のコアを持ち，演算性能も CPU の百倍以上に達するケースもある。この圧倒的な性能を用いて，高詳細な医療画像処理，高品質動画の符号化，物理計算やシミュレーションなど，時間のかかる処理に有効とされている。

　GPU のメリットは，グラフィックス性能や高速演算のためだけでなく，CPU に代わって描画処理などを代行するため，CPU の負荷を低減して総合的なシステムパフォーマンスの向上に貢献していることである。例えば，Web ブラウザは利用者から快適なレスポンスを求められるが，通信処理，暗号関連処理，ファイル入出力処理，ページの解釈とレイアウト処理などを瞬時に行い，中でも処理負荷の高いグラフィックス処理を GPU に担当させることで，スムーズなページ表示と全体的な高レスポンスを実現している。

3.2.7　ネットワークデバイス

インターネット利用をはじめ，今日のコンピュータ利用にネットワークアクセスは欠かせない。コンピュータのネットワークデバイスは，有線と無線の2種類に大別され，さまざまな種類がある（**表3.2**）。一般に有線は無線に比べて，ノイズの影響を受けにくく，通信の安定性が良好で高速通信向きである。無線のメリットは，配線の必要がないことから，職場のフロアレイアウトの自由な変更がしやすく，ケーブルをつなぐ手間がかからない。

表3.2　コンピュータにおけるネットワーク機能

	種　類	規　格	用　途
有線	有線 LAN	イーサネット 40 GBASE-T(40 Gbps)，10 GBASE-T(10 Gbps)，1000 BASE-T(1 Gbps)，100 BASE-TX(100 Mbps) など	インターネットアクセス，LAN アクセス，PC 間のファイル共有，映像家電製品との接続など
	シリアル通信	RS-232C(～ 115kbps)	周辺機器とのデータ入出力，通信機器の制御など
無線	無線 LAN	Wi-Fi，IEEE 802.11ax (9.6 Gbps)，11ac (1300 Mbps)，11 n(600 Mbps)，11 g(54 Mbps) など	有線 LAN と同様の利用用途。Wi-Fi ロゴは異なるメーカー間の相互接続を保証する認証を受けている。
	Bluetooth	Bluetooth 5.0 (2 Mbps)，4.0(1 Mbps 省電力)，3.0(24 Mbps)，2.1(3 Mbps)	近距離無線データ通信向きでマウス，ヘッドフォン，ハンズフリー通話，スマートフォンなどに活用されている。

一方で，無線はセキュリティ上の脆弱性を伴っており，電波を受信，傍受して暗号化データを解読されるなど，有線に比べて危険要素がある。なるべくセキュリティ技術が向上した新しい無線機器の使用および，適切なセキュリティ機能の設定が重要である。無線 LAN は規格や暗号化方式が多数あり，機器の設定項目も多い。技術力以外にも，現行の使用機器の規格や設定内容，機器のパスワードなどをチェックして管理する組織体制が望まれる。

　ネットワークの性能は伝送速度に左右される。アクセスする情報量やファイ

ルサイズなどを考慮して十分な速度が得られることが望ましい。さらに，ネットワークは複数の利用者が同時にアクセスするので，伝送速度が高ければ，待ち時間が短縮される利点もある。

　同時アクセス量が非常に多くなると，交通渋滞と同様に，ネットワーク全体の機能が停滞する輻輳現象が起きる可能性がある。近年のネットワークは高帯域幅により，平常時はそういった事態が起こりにくくなってきているが，多数の利用者による単一機器への同時アクセスやボトルネックは，可用性に影響する要因である。場合によっては，システム増強などの対策をとることもある。

3.2.8　IC カ ー ド

IC カード（Integrated Circuit card）には，メモリを搭載して情報の記録ができるものや，CPU を搭載して演算機能を持つものがある。また，機器とのデータ通信の際，接触して行うタイプと非接触で行うタイプがある。

　IC チップはそもそも厚さが 0.1 mm 程度と薄い構造であるから，カード形状に組み込むことは難しくはない。IC カードは曲げなどには弱く，内部の IC チップが破損する危険があるので，取り扱いには注意すべきである。また，**非接触型 IC カード**の場合，金属や他の IC カードを重ねて使用すると，干渉により通信性能が低下することがある。つぎに IC カードの取り扱い上の注意点を挙げる。

IC カード全般（故障・破損を防ぐために）
- そのままポケットに入れない。
- 曲がりやすい状況で収納しない。
- 車中に置いたままなど高温にさらさない。
- 濡れた手で触らない。

非接触型 IC カード（通信異常を防ぐために）
- 金属を近づけた状態でリーダにかざさない。
- 他の IC カードと重ねてリーダにかざさない。

　IC カードの用途として，プリペイドカード，キャッシュカード，クレジットカードをはじめ，デジタル放送受信用の B-CAS カード，高速道路の ETC，FeliCa 技術を用いた鉄道乗車券の Suica や各種電子マネーカードなどがある。また，行政分野では，住民基本台帳カード，運転免許証，パスポートなどに IC カードが使われている。

　教育機関や企業における学生証，社員証として FeliCa による IC カード化も普及し，施設の利用，料金の支払い，入退室管理などセキュリティ管理のインフラとしても活用されてきた。磁気カードに比べて，IC カードは偽造や解析が困難である。暗号化機能や個体ごとにユニークな識別コード（IDm）を持ち，例えば PC にログインする際に，個人を識別する認証符号としても利用できる。

　本人認証は，情報管理における技術として不可欠であり，システムへのログイン，ファイルアクセス，Web サイトアクセスなど，情報サービスを受けるための手続きである。IC カードによるログインなどは，操作の利便性だけでなく，パスワード入力などとの併用により，機密性を高めることも可能である。このような併用による認証を**多要素認証**（multi factor authentication）という。

3.2.9　3D プリンタ

　3D プリンタは 3 次元データをもとに樹脂や金属などの立体物造形する装置であり，航空・宇宙，自動車，医療，家電，ロボット，発電，金型・工具などの分野で利用されている。従来の立体造形方法に対し，金型の用意が不要となり形状の自由度も高い。現在では，低コストの家庭用 3D プリンタが普及し，樹脂を溶かして層で積み上げながら立体的に造形していく熱溶解積層方式などがある。

　造形物の作成方法として，PC 上の 3D デザインソフトで形状を設計し 3 次元データを STL ファイルなどで出力する。3D プリンタはこのデータをもとに

自動的に造形処理を行う。こうした 3D プリンタによる製造作業は頻繁に形状変更しながら作る試作品や少量多品目製品，個々のニーズに応えるオーダーメイドなどに向いている。例えば福祉機器開発ではさまざまなニーズがあり，個人の状態に適合させた自助具の開発に 3D プリンタが活用されている（図3.13）。

（a） 握りやすいペン　（b） ケーブル着脱ホルダー　（c） 抜き差ししやすい
ホルダー　　　　　　　　　　　　　　　　　　　　　　USB メモリホルダー

図 3.13　3D プリンタで制作した自助具

国立障害者リハビリテーションセンター研究所 福祉機器開発室：3D プリンタで作る自助具のデザイン，http://www.rehab.go.jp/ri/kaihatsu/suzurikawa/res03_jijogu.html（2020.2.13 参照）

3.2.10　VR・AR・MR

VR（Virtual Reality, **仮想現実**）は，コンピュータグラフィックス等で仮想世界を作り，その中にいるかのような感覚が体験できる技術である。また，**AR**（Augmented Reality, **拡張現実**）は，現実世界の映像に人工の視覚情報を重ねて現実世界を拡張する技術である。そして，VR と AR を融合しそれらが影響し合う空間を構築する技術を **MR**（Mixed Reality, **混合現実**）と呼んでいる。

　VR の応用としてエンターテインメント分野が挙げられる。VR ゲームでは，ヘッドマウントディスプレイ等を装着して現実世界の情報を遮断することで，ゲーム世界に対する高い没入感が得られる。VR ではそのリアリティを活かし，自動車運転，危険を伴う整備作業，外科手術，教育や各種トレーニング用のシミュレータとしても活用されている。AR の応用では，カメラで入力した映像に対し何らかの視覚情報を付加して表示するものがある。GPS（Global

Positioning System）を利用したロケーションベース AR では，スマートフォンのカメラで入力した風景映像に対し位置情報を基に方向指示や説明などを付加するナビゲーションアプリや観光情報アプリ等がある。また，マーカーと呼ばれる図形情報や特定の物体を基に位置を特定するビジョンベース AR では，自分の部屋やオフィスで実際に家具を置いたようなイメージを作り出すものや，洋服の試着や化粧などで自分の姿の映像を拡張して疑似体験できるものなどがある。

　これらの技術を活用する装置として AR グラスなどがある。AR グラスはメガネ型であるためスマートフォンのように手で持つ必要がなく，自然な行動や作業を妨げない。メガネ型ヘッドマウントコンピュータ HoloLens（マイクロソフト社製，**図 3.14**）などは，飛行機整備を誘導する AR 表示や，手のジェスチャー認識による映像上での操作，VR 空間の物体を手で持ち上げる技術など，AR と VR を融合した MR デバイスである。MR によって，例えば自分が見ているものを遠隔地の人と共有しながら映像上で作業支援を受けることも可能となる。

図 3.14　HoloLens（マイクロソフト社）

写真：Ramadhanakbr, CC-BY-SA-4.0, https://commons.wikimedia.org/
wiki/File:Ramahololens.jpg

3.2.11　システムの信頼性

連続稼働が要求されるサーバマシンなどにおいて，故障せずに正常な状態で稼働できる性質をシステムの信頼性と呼び，つぎのような項目で評価する。

- **信頼性**（Reliability）… 正常に稼働している状態であること
- **可用性**（Availability）… 必要なときにいつでも利用できる状態であること

- **保守性**（Serviceability）… 故障時にすぐに復旧できること
- **完全性**（Integrity）… データが完全な状態であること（別名：保全性）
- **機密性**（Security）… 不正アクセスから保護されている状態であること
  （別名：安全性）

　これらの頭文字をとり **RASIS** と呼び，システムの総合的な信頼性評価の指標としている。実際に数値で表される指標には，信頼性の基本尺度としてつぎのような**平均故障間隔**（Mean Time Between Failures，**MTBF**），**平均修理時間**（Mean Time To Repair，**MTTR**）がある。

- **MTBF** … 故障なしに連続稼働する時間であり，長いほど信頼性が高い。製品を大量に用いた稼働試験を行い総実行時間と総故障発生数から求められる。（例）ハードディスク製品 ST16000NM001G　MTBF：2 500 000 時間
- **MTTR** … 故障時の復旧予想時間であり，短いほど信頼性が高い。故障発生から復旧完了，再稼働までの平均時間として求められる。実際には修理・交換のしやすさといった製品の保守性や保守要員の技術力などが影響する。

　例として，MTBF が 1 万時間の装置を使用する場合，MTTR を 5 時間とすると，装置の可用性を表す**稼働率**はつぎのように計算される。

$$稼働率 = \frac{\mathbf{MTBF}}{\mathbf{MTBF}+\mathbf{MTTR}} = \frac{10\,000\,時間}{10\,000+5\,時間} = 0.999\,5(99.95\,\%)$$

　情報システムは記憶装置，電源装置，通信装置など複数の要素で構成され，システムの全体稼働率は各装置の稼働率および構成形態によって決まる。今，PC に稼働率 0.9 のハードディスクを 2 台搭載し，ソフトウェアとデータを格納する際，つぎの二つのシステム構成における全体稼働率は異なる。

- **直列システム** … 1 台にソフトウェアを，もう 1 台にデータを格納する場合，**図 3.15**（a）のような片方でも故障すると全体が稼働しない直列シ

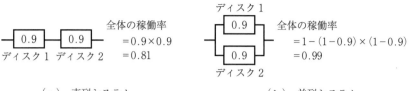

（a）　直列システム　　　　　　　　　　（b）　並列システム

図 3.15　システム稼働率の違い

ステムとして考える。全体稼働率は各装置の稼働率の積である 0.81 となる。

- **並列システム** … 1 台にソフトウェアとデータを，もう 1 台に同じ内容を格納（二重化）する場合，図（b）のような片方が故障しても他方で稼働できる並列システムとして考える。両方が故障すると全体が稼働しないため，まず各故障率（＝1－各稼働率）の積で全体故障率を求め，全体稼働率（＝1－全体故障率）は 0.99 となり，1 台の稼働率より高くなる。比較的故障しやすいハードディスクや電源などの装置の二重化は安全対策として効果的である。

3.2.12　バックアップとリストア

　企業や組織が運用するシステムでは，記憶装置（ディスク）の障害を想定し事前にデータ（ファイル）を**バックアップ**するのが一般的な対策である。バックアップでは，ディスクのデータを別の記憶媒体（バックアップメディア）に定期的に複製しておく。そして障害時はディスクを新品に交換し，バックメディアからデータを復元（**リストア**）する。バックアップにはつぎのような方式がある。

- **完全バックアップ**（**図 3.16**（a））
　対象データを毎回すべてバックアップし，リストア時にそれを復元する。バックアップ時間が長く，バックアップメディアの消費量も多い。

- **差分バックアップ**（図（b））
　定期的に完全バックアップする日を決め，以降はそれに対する変更分をす

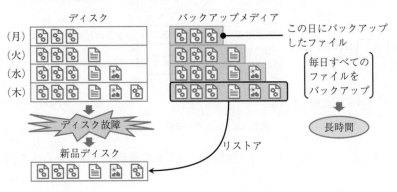

（a）　完全バックアップ

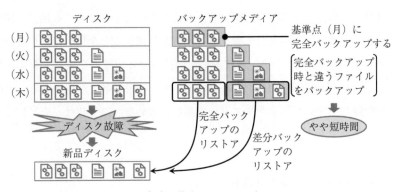

（b）　差分バックアップ

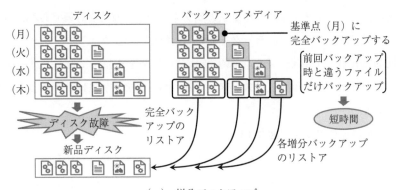

（c）　増分バックアップ

図3.16　バックアップ方式

べてバックアップし，リストア時は完全バックアップの復元とともに最後
の差分バックアップを復元する。バックアップ時間が短く，バックアップ
メディアの消費量は少ない。

- **増分バックアップ**（図（c））

  定期的な完全バックアップ以降は直前のバックアップに対する変更分のみ
  をバックアップし，リストア時は完全バックアップの復元とともに，複数
  の各増分バックアップを復元する。バックアップ時間が短く，バックアッ
  プメディアの消費量は少ない。その効果は差分バックアップより一般的に
  高い。

差分バックアップや増分バックアップでは，基準点となる完全バックアップ
後の毎回のバックアップ処理時間は短く，また任意の時点へ戻すことができ
る。なお，完全バックアップ方式で任意の時点へ戻すには，毎回の完全バック
アップを個別に保管するために大容量のバックアップメディアを必要とする。

3.3　ソフトウェア

3.3.1　OS

OS（Operating System）は，コンピュータにおいてハードウェアを管理，
制御し，アプリケーションを動作させる基盤となる基本ソフトウェアである。
OS の実例としては，**Windows**，**Linux**，**Android**，**OS X** などが広く普及し
ている。OS はつぎのような働きによって，コンピュータシステムを能率よく
安定動作させている。

- アプリケーションの実行やセキュリティ機能を管理する。
- マルチタスク処理を制御し，アプリケーションの同時実行を実現する。
- アプリケーションからの命令によって，ファイル，通信，グラフィック
  スなどの細かな処理を行う。
- ハードウェアを抽象化し，アプリケーションからそれらを扱いやすくする。

- **CPU，メモリなどの資源の割り当てを管理し，システムの全体的なスループット（一定時間における仕事量）を向上させる。**

OS は，さまざまな機能を持ったプログラムの集合体であり，バックグラウンドで動作している。**表3.3** に OS のおもな機能を挙げる。

表3.3 OS のおもな機能

機　能	説　明
ユーザ管理	ユーザやグループを作成して，複数の利用者がコンピュータを使うことができるようにする。ログインパスワードを安全に管理する。
ファイルシステム	ディスクの空きスペースにファイルを割り当てて管理する。フォルダ（ディレクトリともいう）作成によりファイルを整理し，能率よく利用する。
アクセス権管理	ユーザがファイルやフォルダにアクセスする際，読み込み，書き込み，実行などの権限を個々のファイルに与えることができるセキュリティ機能。
マルチタスク	複数のアプリケーションを同時に実行させ，空いている CPU コアへの割り当てや切り替えをしながら，全体的な動作を進めていく。
仮想記憶	主記憶装置の容量を仮想的に大きくする機能。ハードディスクを活用することで，見かけ上大容量の主記憶装置が実現できる。
メモリ管理	アプリケーションにメモリを割り当て，空き領域をファイルキャッシュ（ファイルアクセス効率を上げるしくみ）などに有効活用する。また，個々のアプリケーションが使用できるメモリエリアを制限してたがいに保護する。
ネットワーク管理	IP アドレスの自動設定やファイアウォール，通信プロトコル（通信手順）を処理して，ネットワーク管理および通信処理を実行する。
グラフィックス機能	GPU の処理能力を活用して，ウィンドウや GUI の表示処理を実行する。画面上の文字フォントを滑らかに表示する。
バックアップ／自動更新	システムやデータ，ディスク内容などを別の場所へバックアップする機能。OS のバグフィックス（修正）や機能追加などの自動更新機能。
デバイス制御	ハードウェアデバイスを個々のデバイスドライバ（ハードウェア専用制御プログラム）によって制御する。

ハードウェアは，個々のハードウェア固有の処理手順に従って動作させなければならない。この処理はやや複雑であり，ハードウェアごとに異なっている。そのため，アプリケーション開発者の負担となり，より多くのハードウェアに対応させようとすると，開発コストが大きくなっていく。さらに視点を変えてみると，コンピュータ内のあるハードウェアの動作処理に対して複数のア

プリケーションで同じような処理をやっていると，重複箇所となってメモリの使用効率が悪くなる。

　そこで，ハードウェアの細かい処理内容はOSが受け持つことで，この問題が解消される。アプリケーションはOSに処理を依頼するだけでよい。また，異なるハードウェアであっても，その処理依頼の手順を**API**（Application Programming Interface）という共通仕様にすれば，アプリケーションの開発生産性は向上する。このようにOSは，**図3.17**のようにハードウェアとアプリケーションの間に位置してそれらの橋渡しを行い，ハードウェアを抽象化する。この図は，異なるハードウェアであってもアプリケーションを作り直さずに動作できることを表している。

図3.17　OSによるハードウェアの抽象化

3.3.2　ハードウェアとデバイスドライバ

　個々のハードウェアは，ハードウェアベンダー（製造メーカー）によって，機能や制御方法が設計される。OSが発売，提供された後に，ハードウェアの新製品が発表されても既存のOSで機能できるように，ハードウェアベンダーによってハードウェアの制御プログラム（**デバイスドライバ**）が供給される。利用者は，新たにハードウェアを購入した際，付属のデバイスドライバをOSにセットアップすることで，ハードウェアが利用可能になる（**図3.18**）。

　なお，デバイスドライバは，ハードウェアベンダーによって，バグ修正や機能改善などのバージョンアップが行われる場合が多く，ハードウェア動作に関

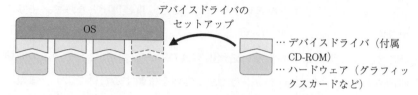

図 3.18　デバイスドライバによるハードウェアの利用

する不具合やトラブルの際は，ハードウェアベンダーのホームページにて，サポート情報やドライバダウンロード情報を閲覧して，状況が改善できるか利用者自身によって確認するケースもある。

　PC はハードウェアの拡張性が高いが，それは異なるメーカーの製品を組み合わせて使うことになるため，1 社がすべてをサポートするわけではない。トラブルが起きた場合の行動は，利用者自身が検討すべき場面が多い。つぎにトラブル発生時の共通の対応例を挙げる。

- トラブルの起きる条件や再現性を確認し，記録する。
- 原因がソフトかハードか，見当をつける（障害箇所の判断，切り分け）。
- 障害の切り分けなど，自分の手に負えない場合は管理者に相談する。
- 障害対象のメーカーのホームページでサポート情報を探す。
- 症状について検索サイトを使って参考情報を収集してみる。
- メーカーに問い合わせる。その際，使用環境やバージョンを通知する。

3.3.3　アプリケーションソフトウェア

　アプリケーションソフトウェアとは，OS 上で動作し特定の目的や仕事に使用するソフトウェアの総称である。

　パッケージソフトウェアとは，市販のアプリケーションソフトウェアのことであり，利用者が目的に合った機能や操作性などを検討して購入する。分野として，オフィス製品（ワープロ，表計算など），会計ソフト，商品管理ソフト，デザインソフト，CAD ソフト，電子カルテなどさまざまである。パッケー

ジソフトが企業の業務に適合しにくい場合は，システム開発を依頼する。これは業務に要求されるシステム化内容に合ったオーダーメイドによる設計をするので，すでに機能が決まっていて市販されているパッケージソフトウェアとは異なるものである。

3.3.4 ソフトウェアライセンス

ソフトウェアは，使用にあたり**ソフトウェアライセンス契約**（End-User License Agreements, **EULA**）を行う。ソフトウェアライセンス契約は，ソフトウェアの使用を許諾する契約であり，開発元から提示された条件に従い，利用者が同意して使用するものである。

有償ソフトウェアの場合，ソフトウェアの導入数や利用者数に応じて，提供元へ一定金額を支払って，使用権を得るものである。個人によるソフトウェア購入では，ソフトウェアの価格にライセンス料が含まれている。また，有償や無償にかかわらず，ソフトウェアライセンス契約書（使用許諾契約書）に記載されている利用者への制限事項などに同意することで，ライセンス契約が成立する。同意できない場合は，その利用を放棄しなければならない。

ソフトウェアは，著作権法および知的財産権に関する国際条約などで守られており，利用においては，ソフトウェアライセンス契約を遵守する必要がある。ソフトウェアライセンス契約書の内容はさまざまであるが，一般的な事項をつぎに挙げる。

- ソフトウェアの複製，インストール数，利用者数などの制限
- アクティベーション（ソフトウェアの使用認証）の義務
- 再販や賃借の禁止，譲渡の許可と制限
- 輸出規制，準拠法（どの国の法律に準拠するか。）
- 免責（ソフトウェア提供者は利用上の利益，損害などに責任を持たない。）
- 無保証（ソフトウェア提供者はソフトウェアとその成果を保障しない。）
- ソフトウェアの改変や，リバースエンジニアリング（内部解析）の禁止

3.3.5　オープンソースとフリーウェア

オープンソースとは，ソフトウェアがだれにでも利用でき，さらに開発や供給にも参加できるように，ソースコードを公開したソフトウェアである。一般に，オープンソースは，**OSI**（Open Source Initiative）によって策定されたつぎのような定義（**OSD**（the Open Source Definition）という）をすべて満たすものを指す。

① 再頒布は自由である。
② ソースコードが入手可能である。
③ 派生ソフトウェアを作成でき，同じライセンスを適用できる。
④ ソースコードと派生の差分情報を区別した配布により完全性を保つ。
⑤ 個人やグループの差別を禁止する。
⑥ 利用分野の差別を禁止する。
⑦ 再配布において追加ライセンスを必要としない。
⑧ 特定製品の一部である場合だけのライセンス適用を禁止する。
⑨ 同時配布される他のソフトウェアへの制限を禁止する。
⑩ 特定技術に強く依存せず，技術的な中立性を保つ。

（参考）　Open Source Initiative（OSI）：The Open Source Definition，https://opensource.org/osd を参照。

フリーウェア（フリーソフト）は，無償提供されたソフトウェアであり，インターネットで一般公開されている場合が多い。オープンソフトウェアとは異なり，必ずしもソースコードが公開されているわけではない。また，ソフトウェアライセンス契約も存在し，中には，教育や学習目的の利用に限定したり，営利目的の利用を禁止したりするものもある。

フリーウェアは，市販のソフトウェアでは対応できない領域や機能に対して，利用者の役に立つように開発されたものが多い。企業や個人（匿名含む）によって開発され，特定機能に特化したツールとしての性質のものから，汎用

的かつ機能豊富で完成度や性能の高いソフトウェアまでさまざまである。

フリーソフトのインストールで注意すべき点は，他のソフトがバンドルされていて，それらが同時にインストールされることがある。また，悪意のプログラム（トロイの木馬）が含まれている可能性もある。利用者のPCにどのような影響を与えるかわからないので，むやみにインストールせず，事前にインターネット上で情報収集し，理解を深めた上でインストールすべきか判断するのがよい。PCにはOSの機能として，インストール前の状態にPC（ハードディスク内容）を戻す機能（システム保護など）や，ディスクをバックアップする機能もあるので安全対策として活用するのもよい。また，フリーウェアなどをインストールするPCでは，ウイルス対策ソフトウェアがインストール済みであることが基本である。つぎにフリーウェア使用上の注意点を挙げる。

- ダウンロードするサイトはよく知られている安全なサイトか。
- インターネット上に情報が多数あり，使用している人が多いか。
- インストールするPCにウイルス対策ソフトは導入済みか。
- PCのバックアップなどは実施済みか。
- アンインストール方法は確認済みか。
- インストール中に表示される選択肢はどんな意味か。
- 本当にインストールすべきか検討したか。

 ## 3.4　情報の単位と計算

3.4.1　二　　進　　法

コンピュータでは，情報は2進数で表現される。あらゆるディジタル回路では，信号のオンとオフの2種類の状態で信号を表し，それらを1と0の数値に置き換えて2進数として表現，演算できるようにした。われわれは日頃10進数で数値を表現しているが，コンピュータは数値だけでなく，文字，画像，音

声，プログラムなどのすべての情報を 2 進数で表現している。2 進数は桁数が
長くなるため，人が扱う際は 16 進数などで表すことが多い。

　図 3.19 において，「情」という文字情報には対応する文字コードがあり，
16 進数で 8FEE の 4 桁になる。これを 2 進数に変換すると，1000111111101110
の 16 桁となる。2 進数の桁数をビット数と呼び，8 ビットを 1 バイトとする。
この場合「情」は 16 ビットであり，2 バイトでもある。このビットやバイト
を情報の単位としている。

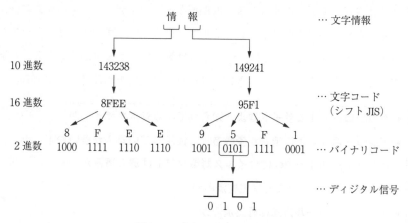

図 3.19 文字コードと 2 進数

3.4.2 情 報 の 単 位

情報量の単位は，つぎのように表す。なお，K などの接頭辞は 2^{10}，2^{20}，2^{30}
と，1 024 倍の関係で使用することが多い。

• 1 B（バイト） = 8 bit（ビット）	• 1 TB（テラ） = 1 024 GB
• 1 KB（キロ） = 1 024 B	• 1 PB（ペタ） = 1 024 TB
• 1 MB（メガ） = 1 024 KB	• 1 EB（エクサ） = 1 024 PB
• 1 GB（ギガ） = 1 024 MB	• 1 ZB（ゼタ） = 1 024 EB

また，伝送速度などの速度や時間の単位はつぎのように表す。

- 1 bps（ビーピーエス）　=　1 秒（second）間に 1 ビットの速度
- 1 kbps　　　　　　　　 =　1 000 bps（k は小文字で使う）
- 1 Mbps　　　　　　　 =　1 000 kbps
- 1 Gbps　　　　　　　 =　1 000 Mbps
- 1 Tbps　　　　　　　 =　1 000 Gbps

• 1 s = 1 秒		• 1 ns（ナノ） = $0.001\,\mu s$	
• 1 ms（ミリ） = 0.001 s		• 1 ps（ピコ） = 0.001 ns	
• 1 μs（マイクロ） = 0.001 ms			

なお，速度の場合の接頭辞は 10^3, 10^6, 10^9 と，1 000 倍の関係で使用することが多い。

3.4.3 情報量の計算

> **例題**
>
> あるサーバでは毎週 1 個 100 MB のログファイルが発生する。空き容量が 20 GB のハードディスクにこれらを最大何個まで保存できるか。なお，1 MB = 1 024 KB とする。

解答　$\dfrac{20\,\text{GB}}{100\,\text{MB}} = \dfrac{20 \times 1\,024\,\text{MB}}{100\,\text{MB}} = 204.8$　　∴　204 個

　単位を統一して割り算するのがポイント。20×1 024 は 20 480 と暗算で計算できる。検算として，204×100 MB を計算すると 20 400 MB＝19.9GB ととなり，20 GB あれば格納可能。容量の接尾辞は 1 024 倍を使うことが多い。もし，問題に記載がなければ慣例に従い 1 024 倍を用いるとよい。　　　　　　　　　◆

> **例題**
>
> ある画像データは，幅 800 pixel，高さが 600 pixel で，各画素が RGB それぞれ 8 bit で表されたビットマップである。この画像データのサイズは何MBか。

解答　$800 \text{ pixel} \times 600 \text{ pixel} \times 3 \times 8 \text{ bit} = 1\,440\,000 \times 8 \text{ bit}$

$$1\,440\,000 \text{ B} = \frac{1\,440\,000}{1\,024 \times 1\,024} \text{ MB} = 1.37 \text{ MB}$$

　RGB（赤緑青）の3要素がそれぞれ8 bit なので，1画素（1pixel）あたり3×8 bit の情報量となる。それに縦横の pixel を掛けると全体の情報量が求まる。情報量の計算なので慣例に従い，容量の接尾辞は1 024 倍を使っている。　　　◆

3.4.4　速度の計算

> **例題**
>
> 100 MB のフリーソフトをダウンロードしたとき，10秒かかった。このときの転送速度は何 Mbps になるか。なお，1 MB = 1 024 KB，1 KB = 1 024 B，1 Mbps = 1 000 kbps，1 kbps = 1 000 bps とする。

解答　$\dfrac{100 \text{ MB}}{10 \text{ s}} = \dfrac{100 \times 1\,024 \times 1\,024 \times 8 \text{ bit}}{1000 \times 1000 \times 10 \text{ s}} = 83.9 \text{Mbps}$

　結果の単位が bps なので，バイトをビットに換算して計算するのがポイント。ファイル容量の接尾辞は1 024 倍を用い，速度のほうは1 000 倍を用いるので，bps 単位の値を求める式をたてて，bps → Mbps にするために1 000×1 000 で割っている。速度計算では，問題に記載がなければ，すべて1 000 倍で計算してもよい。

　また，ほかにも時間が分やミリ秒で与えられることもあるが，秒〔s〕に換算した表現にして式を組み立てるとよい。

　インターネットや LAN の回線速度は，1 Gbps や100 Mbps にあらかじめ決まっているが，途中の機器やサーバの処理，待ち時間，プロトコルオーバーヘッドなどが影響して，実際のデータ転送はそれよりも遅くなり，変動もする。この問題は，一つのファイル転送における実際の速度（実効速度）の平均値を求めた例である。　　　◆

3.4.5　論理演算

　コンピュータの演算には，四則演算のほかに**論理演算**がある。論理演算は2進数どうしの演算であり，**表3.4**に挙げる**論理積（AND）**，**論理和（OR）**，**論**

理否定（**NOT**），**排他論理和**（**XOR**）などがある。この表は，真理値表と呼ばれ，1ビット（1桁）の被演算数のすべての組合せに対する演算結果を網羅したものである。論理演算は，数値計算のほか，画像処理などのマスク処理にも用いられる。例えば，XORを利用して数値の加算が可能になる。また，ANDとORを組み合わせて，キャラクタと背景を合成するような画像処理ができる。

表3.4　論理演算の真理値表

（a）論理積			（b）論理和			（c）論理否定		（d）排他論理和		
x	y	x AND y	x	y	x OR y	x	NOT x	x	y	x XOR y
0	0	0	0	0	0	0	1	0	0	0
0	1	0	0	1	1	1	0	0	1	1
1	0	0	1	0	1			1	0	1
1	1	1	1	1	1			1	1	0

　これらの論理演算は，半導体による電子回路部品にもなっており，**図3.20**のようなAND回路，OR回路，NOT回路，XOR回路などと呼ばれ，ICやディジタル回路は，これらの論理回路素子を組み合わせて複雑な機能を実現している。

（a）AND回路　　（b）OR回路　　（c）NOT回路　　（d）XOR回路

図3.20　論理回路素子

3.5　符　　号　　化

3.5.1　文字コードとキャラクタセット

Wordやメモ帳などのアプリ，Webページ，電子メールなどの文字情報は，**文字コード**という数値データで表現されている。インターネットで用いられるものは，国や言語別の文字集合（**キャラクタセット**）として管理組織IANA（Internet Assigned Numbers Authority）に登録されており，おもなものを**表**

3.5に示す。

例として，英字の「A」はUS-ASCIIでは数値の65（16進数だと0x41）で表現されている。また日本語では複数のキャラクタセットが用いられており，全角ひらがなの「あ」は0x82A0（Shift_JIS），0xA4A2（EUC），0xe38182（UTF-8）というように使用システムによって文字コードが異なる。

表3.5　インターネットで使われるおもなキャラクタセット

言語	文字表現の例	キャラクタセット
英語	Network	US-ASCII
フランス語	Réseau	ISO-8859-1, ISO-8859-15
ドイツ語	Netzwerk	ISO-8859-1
ロシア語, キリル文字	сеть	KOI8-R, SO-8859-5
日本語	通信網, ネットワーク	ISO-2022-JP, Shift_JIS, EUC-JP
韓国語	회로망	ISO-2022-KR, EUC-KR
中国語（簡字体）	网络	GB2312（EUC-CN）
中国語（繁字体）	網絡	Big5

日本語文字コード体系についておもなものを**表3.6**に示す。使用する文字の集まりである**符号化文字集合**として，古くから使用されている**JIS X 0208**は，記号，英数字，かな，第一および第二水準漢字などで構成される。また**Unicode**（**ユニコード**）は世界で使われるすべての文字集合を利用するために作られ，日本語以外の多数の言語や古代文字・数学記号・絵文字などを含んでいる。これらの文字をコンピュータで利用できる文字コードに対応させる方式

表3.6　おもな日本語文字コード体系

符号化文字集合	文字符号化方式	おもな使用場面
JIS X 0208	ISO-2022-JP（JISコード）	電子メールで使用されることがある
	Shift_JIS	Windows, 旧 Mac OS のファイル名などで使用
	EUC-JP	旧 Linux のファイル名などで使用
Unicode	UTF-8	Web ページ，電子メールでよく使用され，macOS, Linux, Android, iOS のファイル名などでも使用
	UTF-16	各種 OS の内部処理やプログラム処理で使用

が**文字符号化方式**であり，キャラクタセットでもある。これらはベンダーによる設計思想や歴史的経緯，処理効率などから複数の方式がある。近年はUnicode が主流となり，Web，電子メール，各種ファイルなどの情報表現には一般的な UTF-8 が，また，プログラム言語における文字列データや，データベースにおける日本語データには処理効率のよい UTF-16 が用いられる傾向がある。

　テキストデータは何らかのキャラクタセットや文字符号化方式による文字コードとして保存・転送されるが，それを異なる方式で表示すると**表3.7** のような**文字化け**を起こす。Web ページや電子メールは，キャラクタセット指定が記述されており正しく表示できるが，指定がないと文字化けを起こすことがある。

表3.7　日本語の文字化け例

元の方式	表示方式			
	ISO-2022-JP	Shift_JIS	EUC-JP	UTF-8
ISO-2022-JP	こんにちは	B3sKAO(B	B3sKAO(B	B3sKAO(B
Shift_JIS	◆◆◆◆◆◆ ◆◆◆	こんにちは	◆◆◆◆◆◆	◆◆◆◆ｧ◆◆◆
EUC-JP	ﾟ◆◆◆◆ﾟ◆ ﾟ◆◆◆	，ｳ，・ﾋ，ﾁ，ﾏ	こんにちは	◆◆◆◆ﾟ◆◆◆
UTF-8	◆◆◆◆◆◆◆ ◆◆◆◆◆◆◆ ◆◆◆	縺薙ｓ縺ｫ縺。縺ｯ	◆◆◆◆◆◆◆ ＜◆	こんにちは

3.5.2　エンコードとデコード

　一般に**エンコード**（符号化）は情報を別の形式に変換することであり，**デコード**（復号）はそれを元に戻すことである。ディジタル情報処理においては，動画や音声を伝送や保存に適した小さいサイズに圧縮する処理のことをエンコード，再生のために元に戻す処理をデコードとしている。また Web や電子メールなどの情報伝達では，人間が読んで理解できる表現を通信処理に適した形へ変換することをエンコード，復元をデコードとしている。

　Web ページのアドレス表現である URL において，一部の記号は特別な意味を持つため，ファイル名や？マーク以降のパラメータ部分では使用できない。また日本語（1 文字 = 2 バイト）も URL 中ではそれが日本語であると判断できない。ゆえに他の文字同様に 1 バイト単位で処理され，それが特殊記号や制御文字に該当すると支障が生ずる。そこでつぎのような **URL エンコード**によって安全な文字に変換される。この例では，空白は + に，（と）は %28 と %29 に，また日本語は UTF-8 の 16 進数表現にエンコードされている。

【元の **URL 表現**】　　http://www.hus.ac.jp/My Web (test).html

【**URL エンコード**】　　http://www.hus.ac.jp/My+Web+%28test%29.html

【元の **URL 表現**】　　https://www.google.co.jp/?q= 情報

【**URL エンコード**】　　https://www.google.co.jp/?q=%E6%83%85%E5%A0%B1

　電子メールでは本文や添付ファイルはエンコードされているが，これは電子メールの仕様として 7 bit の ASCII 文字（半角英数記号）しか送受信できないことに起因する。2 バイト（16 bit）以上の文字で構成される日本語文字や，画像などの 8 bit によるバイナリ情報はエンコードして送信する必要がある。エンコード方式には **Base64** 方式や **Quoted-Printable** 方式がある。つぎのようなエンコード例では，いずれの方式も半角英数記号に変換されており，Base64 は結果のデータ量が少なく，Quoted-Printable は変換処理が単純という特徴がある。

● エンコード例 1

【元のテキスト】	mail 下さい
【**Base64**】	bWFpbOS4i+OBleOBhA==
【**Quoted-Printable**】	mail=E4=B8=8B=E3=81=95=E3=81=84=84

● エンコード例 2

【元の画像】　　　　　　　　（画像サイズ 319 KB）

【Base64】　　　/9j/4AAQSkZJRgABAQEBLAEsAAD/4QEuRXhpZ

gAATU0AKgAAAAgACAEP…

（テキストサイズ 437 KB）

【Quoted-Printable】　=FF=D8=FF=E0=00=10JFIF=00=01=01=01=01,=0

1,=00=00=FF=E1=01.Exif=00=00MM=00=*=00=00

=00=08=00=08=01=0F=00…

（テキストサイズ 677 KB）

3.5.3　データ圧縮

　画像や文書などのデータサイズを小さくする処理を**圧縮**と呼び，元に戻す**伸長**処理は**展開**や**解凍**とも呼ばれる。データ圧縮には**可逆圧縮**と**非可逆圧縮**がある。可逆圧縮では，例えば AAAAA → A5（A が 5 個）というように冗長性を除去した表現でサイズを減少させ，元のデータに完全に戻すことができる。一方，非可逆圧縮は人間に聞こえにくい高音部の除去や，画像の詳細性を下げて品質劣化させるなど，情報の損失と引き換えに大幅なサイズ減少が可能である。

　圧縮の処理方式（アルゴリズム）は多数あり，特に動画や音声では**コーデック**（Codec）と呼ばれ，品質，サイズ，圧縮速度などでそれぞれ特徴がある。また，特定のコーデックで圧縮されたデータを格納するファイル形式を**コンテナ**という。コンテナには複数の種類のデータを収納できるものがある。例えば映像メディアとして sample.mp4 などのファイルは MP4 形式のコンテナであり，動画コーデックに H.264，音声コーデックに AAC などを用いて圧縮したデータで構成される。コーデックとコンテナの例を**表 3.8** に示す。

表3.8　おもなメディア圧縮のコーデックとコンテナ

種類	コーデック			コンテナ () 内は使用 コーデック
	非圧縮	可逆圧縮	非可逆圧縮	
画像	BMP	GIF, PNG	JPEG	TIFF（LZW 等）
動画	CinemaDNG, ProResRAW, Blackmagic RAW	Huffyuv, AMV3, Ut Video Codec, Lagarith Lossless Video Codec	MPEG-1, MPEG-2, MPEG-4, Motion JPEG, H.263, H.264, Xvid, DivX, WMV9, VP9, RealVideo	AVI （MPEG-1+LPCM 等）， MP4（H.264+AAC 等）， FLV（H.263+MP3 等）， MOV（H.264+MP3 等）， OGM （DivX+Vorbis 等）
音声	LPCM	FLAC, WMA, Apple Lossless	AAC, MP3, Vorbis, WMA, AC-3, ATRAC, ADPCM, DTS Digital Surround, DTS-HD High Resolution Audio	WAV（LPCM 等）， AIFF（LPCM 等）， OGG（Vorbis 等）

　プログラムや文書などを対象とした汎用的なファイル圧縮では，情報損失の生じない可逆圧縮が用いられる。ファイル圧縮のおもな方式を**表3.9**に示す。

表3.9　おもなファイル圧縮方式

種類	圧縮アルゴリズム （可逆圧縮）	ファイル形式 () 内は使用アルゴリズム
一般的に使用されるもの	Deflate, LZMA, LZHUF	ZIP（無圧縮，Deflate 等），7z（LZMA 等）， LZH（LZHUF），
大きな圧縮ファイルを分 割できるもの	RAR5	RAR（RAR5 等）
おもに Linux で使用され るもの	LZ77	gzip（LZ77），bzip2, tar（gzip/bzip を内包）

3.5.4　映 像 品 質

通信および記憶メディアの高速大容量化を背景に，映像品質の向上が進んでいる。例えば高品質映像の光ディスク規格 4K Ultra HD Blu-ray では，解像度

3 840×2 160 pixel, ビ ッ ト 深 度 10 bit, フ レ ー ム レ ー ト 60 fps, 色 域 Rec.2020, HDR をサポートしている。これらの数値等は映像品質を表すものであり, 以下に各要素について説明する。

〔1〕 解 像 度

縦横のピクセル（画素）数。**表3.10**にPCやテレビのおもな解像度を示す。高解像度化のメリットは画像情報の詳細性が上がり, 画面サイズが大きくなっても粗さが目立たないことが挙げられる。デメリットとして画素数増加（情報量増加）のため記憶容量, 通信速度, 処理速度などに高い性能が要求される。画面表示の縦横比（**アスペクト比**）はおおよそ決まっており, 中には映像を横方向に縮小（スクイーズ）して少ない情報量で送信・記録するものがある。近年ではPCモニター, テレビ放送, インターネット動画配信, Blu-rayにおいて, 4K UHD（4K Ultra HD）などの高詳細映像が実現され, PC画面では文字輪郭のギザギザが見えなくなり, 動画では美しさやリアリティが向上している。**4K**, **8K**とは, 水平画素数の規模（3 840≒4 000＝4 K, 7 680≒8 000＝8 K）によってわかりやすく簡略化した解像度表現である。

表3.10 おもなディスプレイ・動画解像度

名称	解像度〔pixel〕	アスペクト比	画素数
QVGA ／ワンセグ	320×240, 320×180	4：3, 16：9	約8万, 約6万
VGA ／ SD	640×480	4：3	約31万
NTSC ／ DVD	720×480	4：3, 16：9（スクイーズ）	約35万
HD	1 280×720	16：9	約92万
FWXGA	1 366×768	16：9	約131万
地上波ハイビジョン	1 440×1 080	16：9（スクイーズ）	約156万
FHD ／フル HD	1 920×1 080	16：9	約207万
QFHD ／ 4K UHD	3 840×2 160	16：9	約829万
FUHD ／ 8K UHD	7 680×4 320	16：9	約3 300万

〔2〕 **ビット深度**

1ピクセルあたりの各色のビット数。大きくなるほどグラデーションなどの階調表現が滑らかになる。PC画面ではRGB（赤緑青）各8 bit（合計24 bit,

フルカラー）が標準であるが，映像では再現性を高めるために 10 bit，12 bit
と高深度になりつつある。

〔3〕 フレームレート

1秒間のフレーム数（fps）。動画とは1枚1枚のフレームが連続したもので
あるが，フレームレートが大きいと動きが滑らかになる。一般には 24，30 fps
が多く，高品質映像では 60 〜 120 fps に達する。

〔4〕 色　　域

色空間をカバーする範囲。広いとより濃く鮮やかな色彩も再現できる。フル
ハイビジョンの色域規格である Rec.709 に対し，高詳細映像技術である 4K，
8K では，より広範囲な Rec.2020 が採用されている。

〔5〕 輝度（ダイナミックレンジ）

暗部と明部の輝度差。大きくすることで暗い部分や白い部分の潰れをなくし
自然な表現ができる。実世界の輝度 10^{-6}（夜空の光）〜 10^9（太陽の光）cd/m^2
（nit，ニト）に対し，従来の最大輝度は 100 nit 程度であったが，**HDR**（High
Dynamic Range）技術によって最大輝度 10 000 nit に拡大された。

 ## 3.6 仮想化とサーバ管理

3.6.1 仮 想 化 技 術

仮想化はソフトウェアによって仮想的なハードウェア環境を作り出す技術で
ある。仮想化では CPU やメモリなどの資源（**リソース**）を分割的あるいは統
合的に活用してさまざまなスペックのマシン環境を作成し，柔軟かつ効率のよ
いシステム運用ができる。仮想化には以下のようなものがある。

〔1〕 サーバ仮想化

物理サーバ内で仮想的なサーバを複数作成し，任意の OS，メモリ容量，
CPU 能力などのリソースを割り当ててサーバを運用する。物理サーバリソー
スの有効活用，システム構築，障害対策などが効率よくできる。

〔2〕 デスクトップ仮想化

本来クライアント PC に保存される OS，アプリ，個人データなどをサーバ側に置き，ネットワーク経由で PC からアクセスして仮想的なデスクトップ環境を作ること。ソフトウェアやデータをサーバ側で一元管理でき，情報漏えい防止やシステム管理のコスト削減ができる。

〔3〕 ストレージ仮想化

複数のサーバ内のハードディスク装置（ストレージ）をネットワーク経由で統合し，1 台の仮想的な大容量ストレージ（**ストレージプール**）を作ること。各物理サーバ内のハードディスクの未使用領域を集め，大容量の空き領域を作り出すことで有効活用ができる。

〔4〕 ネットワーク仮想化

物理配線されたネットワーク上でソフトウェアを使って新たなネットワーク構成を仮想的に作ること。ネットワークで使用する装置には，ネットワーク構成を形成する**スイッチ**や**ルータ**，不正通信を遮断する**ファイアウォール**，サーバ負荷を分散する**ロードバランサ**などがあるが，これらの装置をソフトウェアで仮想的に実現することで，装置の購入，保守，修理にかかるコスト低減ができる。

3.6.2 サーバ仮想化

サーバ仮想化は，**図 3.21** のように 1 台の物理サーバ内で複数の**仮想サーバ**をソフトウェアで実現し稼働させる技術である。OS は物理サーバでは**ホスト**

図 3.21 サーバ仮想化

OS と呼び, 仮想サーバでは**ゲスト OS** と呼び, それらは Windows や Linux など異なる OS でも構わない。仮想化には, 仮想化アプリを使用する簡易な方法と, ハードウェアを直接制御して高速な仮想サーバ環境を作れるハイパーバイザを使用する方法がある。いずれもソフトウェアによって仮想的に作ったサーバマシン (**仮想マシン**) 上でゲスト OS をインストールする。そしてゲスト OS 上で目的のアプリをインストールすれば, 仮想サーバ環境でのシステム運用ができる。

　各仮想サーバは独立したコンピュータのように運用でき, サーバ仮想化にはつぎのようなメリットがある。

- **サーバ構築の柔軟性と効率化**

　任意の OS がインストールでき, メモリ容量, CPU 能力, ネットワークインタフェースなどのリソースを割り当てて, 目的に応じたサーバ環境を迅速に構築できる。また, 負荷の増加などに応じて各リソースを迅速に調整できる。

- **サーバ資源活用の効率化**

　例えば5台のサーバ (各 CPU 使用率 10 %) の代わりに 1 台の物理サーバ内に 5 台の仮想サーバを稼働させれば, 物理サーバ 1 台 (CPU 使用率 = 10 % ×5台=50 %) で済む。物理サーバが少ないためコスト (サーバ・装置等の費用, サーバルーム・空調等の設備費, 電気代・管理費) を低減できる。

- **災害対策の効率化**

　仮想サーバ環境はまるごとデータ (ファイル) としてバックアップ可能なため, 遠隔地へのネットワーク経由のバックアップや別の物理サーバへの移動および稼働再開が迅速に行える。

3.6.3　サーバの遠隔操作

　サーバの設置場所には, 空調設備や収納ラックの整備された専用のサーバルームや, 遠方の本社・支店, レンタルサーバやクラウドサーバを有するデー

タセンターなどがある。こうした遠隔地のサーバにはインターネット経由での
遠隔操作が用いられる。遠隔操作では，Telnet や SSH などの通信プロトコル
（ルール・手順）を用いたコマンド実行や，**図 3.22** のような**リモートデスク
トップ**のソフトウェアを用いて PC にサーバ画面を表示し，マウスとキーボー
ドによる操作ができる。遠隔操作のメリットとして，離れた場所から利用でき
る利便性のほか，機密データなどを持ち出すことなく遠隔操作で利用できるこ
とから情報漏えいのリスクを低減させる効果もある。半面，不正アクセスが
あった際の脅威も大きいことから，パスワードの管理や機密性には十分な対策
を要する。

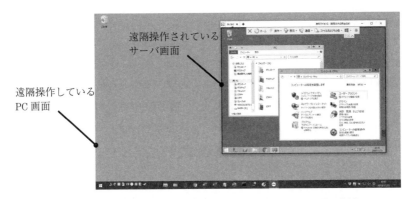

図 3.22 リモートデスクトップツール TeamViewer による遠隔操作

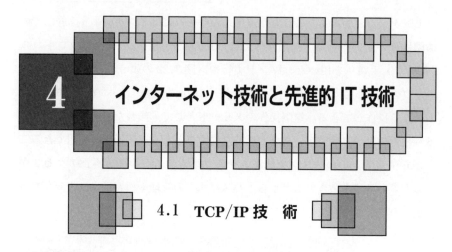

4 インターネット技術と先進的 IT 技術

4.1 TCP/IP 技 術

4.1.1 LAN

LAN（Local Area Network）は，コンピュータネットワークのことであり，広範囲の地域をカバーするネットワークである **WAN**（Wide Area Network）に対し，一つの建物内の規模のネットワーク（構内回線網）を指す。

LAN は有線あるいは無線方式によって，2 台のコンピュータ間通信から，数百台規模のコンピュータネットワークを構成する。コンピュータ以外にも，プリンタやハードディスク（NAS），メディアサーバ（映像配信），監視カメラ，テレビなどが接続できる。また，LAN どうしをルータで接続することで，ネットワーク規模をつぎつぎに広げることができる。さらに，屋外を長距離に適した光ファイバなどのブロードバンド回線で接続し，インターネットを形成している。

LAN は，**IEEE**（アイトリプルイー，通称：米国電気電子学会）によって **IEEE 802.3**（有線 LAN），**IEEE 802.11**（無線 LAN）として規格化され，全世界で使用されている。近年は，有線 LAN で 100 Mbps ～ 40 Gbps，無線 LAN で 54 Mbps ～ 9.6 Gbps などが実用化されており，高速化が進んでいる。有線 LAN は**イーサネット**（Ethernet）とも呼ばれ，速度や品質によって，**表4.1** のようなケーブル規格がある。

表 4.1　LAN ケーブル規格

ケーブルカテゴリ	LAN 規格	伝送速度	伝送帯域
CAT 8	40 GBASE-T	40 Gbps	2 000 MHz
CAT 7	10 GBASE-T	10 Gbps	600 MHz
CAT 6a			500 MHz
CAT 6	1000 BASE-T/TX	1 Gbps	250 MHz
CAT 5e	1000 BASE-T		100 MHz

4.1.2　TCP/IP とプロトコルスタック

インターネットは，世界で標準的に使用されている通信方式を用いて，相互に接続したネットワークである。この通信方式を**プロトコル（通信規約）**と呼び，インターネットや LAN では，TCP/IP プロトコルを使用している。**TCP**（Transmission Control Protocol）と **IP**（Internet Protocol）は個別のプロトコルでもあり，ほかにも，下位のプロトコルであるイーサネット（IEEE 802.3），無線 LAN（IEEE 802.11），上位のプロトコルである **HTTP**（HyperText Transfer Protocol），**SMTP**（Simple Mail Transfer Protocol）など，関連プロトコルがあり，それらの総称である TCP/IP プロトコル・スイートを，単に TCP/IP と呼んでいる。TCP/IP は**図 4.1** のようなプロトコルスタック（階層状に構成されたプロトコル構成）である。

層	プロトコル	説明
アプリケーション層	HTTP FTP SMTP POP 3 TELNET SSH DNS SNMP	アプリケーションプログラムによって決められたデータや命令の表現を用いた通信
トランスポート層	TCP UDP	2 点間のコネクション（TCP）か，コネクションレス（UDP）方式の通信
インターネット層	IP	2 点間の経路選択，ネットワーク中継によるパケット通信
リンク層	IEEE 802.3 IEEE 802.11 PPP SLIP	隣接間のデータ転送および物理的な伝送路上の信号（電気，電波，光）伝達

図 4.1　TCP/IP プロトコルスタック

プロトコルスタックには，**ISO**（国際標準化機構）が策定した 7 層構造の**OSI 参照モデル**があるが，**IETF**（Internet Engineering Task Force）が策定した TCP/IP は図のように 4 層構造であり，**オープンシステム**（仕様公開されたシステム）による相互接続性や実用性が高く，業界標準となった。

プロトコルスタックは，2 者間における通信方法を規約化する際，階層構造に分割することで，拡張性を持たせ，異種間の柔軟な接続ができるようにしている。**図 4.2** は人のコミュニケーションをプロトコルスタックとしてモデル化した一つの例であるが，あいさつや言語をプロトコル化することで，異なる国の言語に切り替えたり，下位の物理的なプロトコルを人からロボットに変更したりと，柔軟な接続が可能になる（TCP/IP のリンク層の電気信号媒体を光信号媒体に変更しても，上位プロトコルはそのままでよく，さまざまな方式が混在するネットワークが実現できる）。

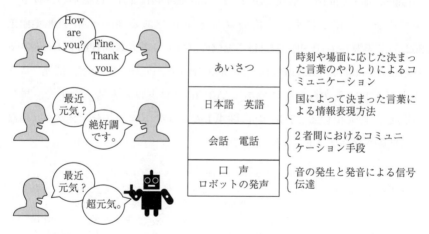

図 4.2　人のコミュニケーションにおけるプロトコルスタックによるモデル化

4.1.3　URL

URL（Uniform Resource Locator）は，インターネット上の資源（リソース）を特定するための表記である。**図 4.3** に URL の例を示す。先頭のスキーム名は，どのような手段でアクセスすべきかを表しており，**http** は Web 通信，

（a）　URL によるリソース表現

http://www.hus.ac.jp/gakusei-hus/index.php?year=2014&month=9

URL パラメータ

（b）　URL パラメータを付加した例

図 4.3　URL の構造

https は暗号化された Web 通信，**ftp** は FTP サーバアクセスといった，通信プロトコルなどを表している。**file** スキームは，PC 内のファイルをアクセスすることを意味しており，Web ブラウザなどで PC 内のテキストファイルや保存してある Web ページを開いてみると，URL 表示が「file://…」となる。このように，URL はさまざまなリソースにアクセスするための共通の住所形式である。

　ホスト名は，サーバ名でもあり，世界中でただ一つの名前である。ホスト名には**ドメイン名**がつき，登録された企業や組織の名前，国などに対応したキーワードで構成される。ホスト名以降はファイルのパス名であることが多く，ディレクトリやファイル名などで構成される。

　URL は一般に大文字小文字を区別したほうがよい。サーバの OS によってそれらを区別するものがあり，URL にも反映されるためである。また，URL の最後のファイル名を省略できる場合がある。省略時は index.html であるとみなされることが多いが，Web サーバの設定によって異なる。

　URL の末尾に？の記号で始まる記述が付加される場合がある。これは **URL パラメータ**と呼ばれ，Web ページにデータを伝える仕組みである。図 4.3 の

例では,「year は 2014 である」,「month は 9 である」といった二つのデータ
を表しており,URL によって Web アクセスするだけで,情報送信する機能で
ある。このとき,Web ページ側はこれらのデータを受け取り,プログラムに
よって処理する。つまり,Web ページがプログラムであり,URL パラメータ
がデータという役割を持つ。これを活用して,例えば商品一覧などの長い内容
を 1 ページ,2 ページというように分割して,URL パラメータにページ番号を
与えることで,指定ページを表示する Web プログラムなどがよく見られる。

4.1.4　IP アドレスと DHCP サーバ

IP アドレスは,インターネット上でサーバや PC を識別するものであり,
これを送信先として IP 通信を行う。これには従来から使われ続けている **IPv 4**
と **IPv 6** の規格がある。**表 4.2** にこれらの特徴を示す。

表 4.2　IPv 4 と IPv 6 の比較

	IPv 4	IPv 6
アドレスの例	192.168.0.1	2001:0:9d38:6abd:1c39:3558:3f57:fffb
アドレス長	32 ビット	128 ビット
アドレス空間	約 43 億個	$3.4×10^{38}$ 個　（＞ 1 兆倍の 1 兆倍）
少ないアドレス数への対策	プライベートアドレスや NAT 機能などを活用。	不要
マシンへの初期設定	アドレスは自動取得か手動設定かを選択。	自動
暗号化	IPsec 機能を追加する必要あり。	機能搭載済み

IP アドレスには**枯渇問題**があり,IPv 4 を使用していると,将来アドレス不
足が予想されるというものである。その対策として,広大なアドレス空間を持
つ IPv 6 が策定された。アドレス長が大幅に長くなったことだけでなく,利用
面におけるシンプルさ,利便性を向上させている。IPv 6 によって,一人あた
りの複数の PC 所持から,家庭内にある複数の家電機器などにも IP アドレス
を付与し,身のまわりのものを IP 化していく構想へとつながっている。IPv 6

への移行が促進されるなか，インターネットや企業の情報システムなどでは，依然として IPv 4 を使用している場合がある。

DHCP（Dynamic Host Configuration Protocol）は，IP アドレスを自動的に PC へ付与する自動アドレス設定のしくみである。PC の使用環境に DHCP サーバが存在していれば，LAN ケーブルを接続しただけで，自動的に PC に IP アドレスが設定される。

DHCP を使用すべきかどうかは，その環境のシステム管理者に問い合わせるとよい。企業などでは，DHCP を使わず手動により IP アドレスを固定化している場合も多い。また，利用場所が変わるノート PC などに対しては，企業，学校などでは DHCP サーバを用意していることも多い。家庭では利便性のためルータ機器内などですでに DHCP サーバが稼働しており，手動設定の必要がない。もし IP アドレスを手動設定するネットワーク環境を構築する際は，どのようなアドレス体系やルールでアドレスをつけるかを検討する。

図 4.4 に，DHCP サーバによって IP アドレスが設定された状態を示す。ここではネットワーク状態表示コマンドの「ipconfig ／all」を使用している。

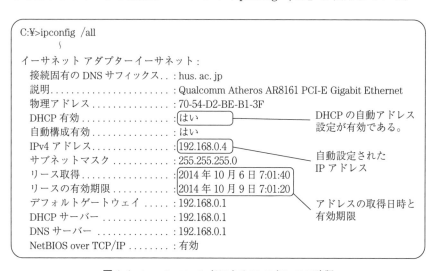

図 4.4　ipconfig コマンドによる IP アドレスの確認

4.1.5　ドメイン名と DNS サーバ

インターネットや LAN における IP 通信では，IP アドレスを転送先にして相互に送信している。人がインターネットを使用する際，URL やサーバ名は数値表現の IP アドレスよりもドメイン名のほうが扱いやすい。ドメイン名は IP アドレスに対応させた識別名であり，**ICANN**（Internet Corporation for Assigned Names and Numbers）が管理している。全世界の中で，日本の管理は **JPNIC**（Japan Network Information Center，後に **JPRS**（株式会社 日本レジストリサービス）に移管）というように，各国の管理団体（レジストリ）に管理が委任されている。

ドメイン名は，**図4.5**のように**ルートドメイン**を頂点とする階層構造になっており，世界中でドメイン名の重複が起こらない仕組みとなっている。例えば，日本のドメインである jp ドメインの下の co.jp ドメインの管理では，その下位のドメイン（サブドメイン）に yahoo，google といった名前が重複しないように登録管理されているからである。

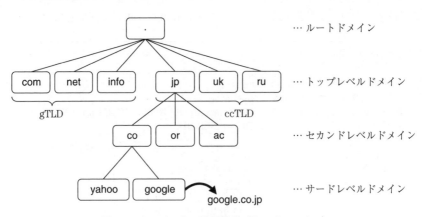

図4.5　ドメイン名の階層構造（ドメインツリー）

トップレベルドメインは，大きく **gTLD**（generic Top Level Domain，ジェネリックトップレベルドメイン）や **ccTLD**（country code Top Level Domain，国別コードトップレベルドメイン）などに分類される。インターネット発祥の

アメリカ合衆国の場合，ccTLD は使われず，おもに gTLD が使用されている。つぎにおもなドメインの用途を挙げる。

- **com** … 商用（**commercial**）
- **net** … ネットワーク関係（**network**）
- **org** … 非営利団体（**organization**）
- **edu** … アメリカの教育機関（**educational**）
- **gov** … アメリカの政府機関（**governmental**）
- **mil** … アメリカの軍機関（**military**）
- **co.jp** … 日本の会社，信用金庫，信用組合など（**company**）
- **or.jp** … 日本の法人，農業協同組合など（**organization**）
- **ne.jp** … 日本のネットワークサービス提供者（**network**）
- **ac.jp** … 日本の高等教育機関，学術研究機関（**academic**）
- **ed.jp** … 日本の初等中等および18歳未満対象の教育機関（**educational**）
- **go.jp** … 日本の政府機関，独立行政法人など（**government**）

DNS（Domain Name System）とは，ドメイン名と IP アドレスの対応付けを分散管理する階層型のシステムである。各ドメイン名の管轄には，DNS サーバのマシンが存在し，ドメイン名の問合せに対して，IP アドレスを返す（名前解決）といったサービスを行っている。企業や組織内においても，DNS の方式に従い，DNS サーバを設置して，個々のマシンのドメイン名管理を行う。このようにして，世界規模で DNS の仕組みが機能している。

利用者の PC には，事前に名前解決の際にどの DNS サーバに問い合わせるか設定しておく。通常は自分が所属する企業の DNS サーバやプロバイダの提供する DNS サーバなどである。その状態で，利用者が www.example.co.jp というサイトに Web アクセスするケースを**図 4.6** に示す。

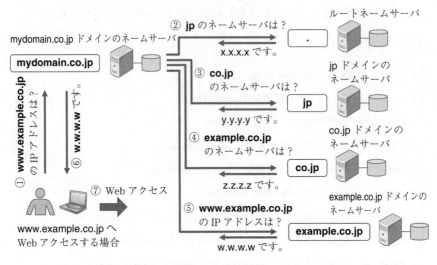

図 4.6 DNS による名前解決の過程

　まず Web ブラウザがターゲットの IP アドレスを知る必要があるので，
① PC に設定された mydomain.co.jp の DNS サーバに問い合わせる。② この
DNS サーバは，まず jp ドメインを管理する DNS サーバの所在を知るために，
ルートネームサーバに問い合わせて，jp ドメインの DNS サーバの IP アドレス
を得る。③ 同様に得られた DNS サーバに問い合わせて co.jp ドメインの DNS
サーバの IP アドレスを得る。④ さらに example.co.jp ドメインの DNS サーバ
の IP アドレスを得る。⑤ ターゲットのドメインまで到達したので，その DNS
サーバに問い合わせて Web サーバ www.example.co.jp の IP アドレスを得る。
⑥ 最初の PC からの問合せに対する IP アドレスを返答する。⑦ Web サーバの
IP アドレスが得られたので，Web ブラウザがページをアクセスする。

　一見，たらい回しにあって能率が悪いようであるが，この処理手順に従え
ば，ドメイン名の階層がどれだけ深くても，また，新たなドメイン名登録や，
ドメイン名に対応する IP アドレス変更などが起きても，各ドメインがそれぞ
れの責任で管理されているため，いかなる名前解決も可能である。このように
DNS は自律システムの集合体である。

インターネットにアクセスする PC には，DNS サーバの設定が必須となる。ただし，DHCP によって IP アドレスを自動設定している場合，合わせて DNS サーバも自動設定されている形態が多い。DNS サーバは Web やメールなど，インターネットアクセスに必要不可欠な存在となるので，障害に備えて通常 2 台設置され，PC にも 2 台分の DNS サーバアドレスを設定するようになっている。電話番号がわからなければ電話がかけられないのと同様に，DNS サーバに問い合わせできなければ，IP アドレスがわからず，インターネットアクセスに支障をきたすこととなる。

4.2 Web 技 術

4.2.1 Web サーバと Web ブラウザ

Web サーバにアクセスする際の仕組みは，**図 4.7** のように，Web ブラウザが Web サーバに接続し，URL のリソースを要求してファイルとしてダウンロードする。ダウンロードした Web ページ内で，さらに画像ファイルやスタイルシート，JavaScript などのファイルを参照していれば，それらも同様に要求してダウンロードする。ページを構成する必要なリソースをすべて取得したら Web ブラウザでの画面構築が完成する。

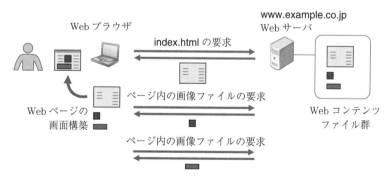

Web ブラウザ

www.example.co.jp
Web サーバ

index.html の要求

Web ページの
画面構築

ページ内の画像ファイルの要求

Web コンテンツ
ファイル群

ページ内の画像ファイルの要求

図 4.7 www.example.co.jp/index.html の Web アクセス

　Web ブラウザでは，**ブラウザキャッシュ**という機能があり，Web サーバから一度取得したファイルを，キャッシュに保存しておき，2 度目の Web アクセス時に，それらのページや画像のファイルが更新されていなければ，高速なキャッシュから読み取るようにして，すばやくページが表示できるようにしている。

　Web ブラウザでは，URL の入力間違いや Web サーバの停止などにより，**図4.8** のようなエラーメッセージが表示される場合がある。また，Web サーバは存在し稼働しているが，URL 中のファイル名の間違いやファイルが存在しない場合や，セキュリティによりアクセスが拒否された場合は，**図4.9**や**図4.10** のようなエラーメッセージが表示される。以下に，これらのエラーをまとめる。

> - **Web サーバが見つからない（URL間違い，サーバ停止，接続トラブル）。**
> - **Web ページが見つからない（ファイルが存在しない）。**
> - **Web ページの表示が拒否された（パスワードの認証が必要）。**

　対処方法は，まず唯一の手がかりである表示メッセージを読んで，意味を解釈すべきである。つぎに状況を確認しつつ，原因の可能性を推察する。また，別の PC によって同じ操作を試みることや，別の Web サイトにはアクセスできるかなどを試みて，比較することも有効な障害診断である。

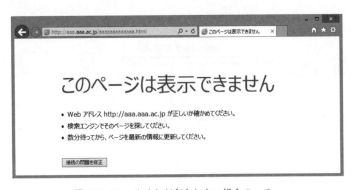

図 4.8　Web サイトが存在しない場合のエラー

図 4.9 Web ページが存在しない場合のエラー （エラーコード 404）

図 4.10 セキュリティによりアクセス拒否された場合のエラー （エラーコード 403）

4.2.2 HTTP と暗号化通信

Web アクセスは，**HTTP** プロトコル（HyperText Transfer Protocol）による通信手順を使用している。HTTP では，基本的に Web サーバに対し要求を送信し，応答を受け取るスタイルをとり，ファイルのダウンロード，フォームからのデータ送信，ファイルアップロードなどができる。

Web サーバとの通信手順には，ほかに **HTTPS**（HyperText Transfer Protocol Secure）と呼ばれる手順があり，**SSL/TLS** プロトコルを用いた暗号化通信である。これらのプロトコルでは，**公開鍵暗号方式**という強力な暗号化技術を用いてデータを暗号化する。これにより，通信内容の漏えいや改ざんを防止することができ，電子商取引や，個人情報の送信などにおいて，安全な通

信が確保される。これは，内容がそのまま送信される HTTP 通信（**図4.11**
（a））に対し，送受信パケット内を暗号化する仕組みであり，図（b）のよ
うに，通信路が外から見えないよう保護されると考えることができる。

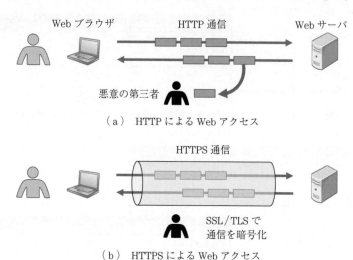

（a）　HTTP による Web アクセス

（b）　HTTPS による Web アクセス

図4.11　暗号化された通信路の概念図

　Web サーバが HTTPS で動作するように設定，構築されている場合，URL は
先頭が **https:** で始まる表記となる。リンク先ページへのジャンプなどの際に
も，**図4.12** のようにブラウザのアドレスバーに表示される URL が https: で始
まっていれば，暗号化通信を行っているとみなすことができる。なお，公開鍵
暗号方式では認証機関によって認証された電子証明書を用いているが，電子証
明書が認証されていないといった警告が表示されれば，HTTPS 通信は可能で
あるが，相手先は信用できないので注意が必要である。

図4.12　HTTPS 通信時のブラウザのアドレスバー

4.2.3 Cookie

Cookie（クッキー）は Web ブラウザと Web サーバ間で，状態を維持する HTTP の仕組みである。これは，PC になんらかの少量の情報を記憶させることで，例えば，ショッピングカートの内容の維持や，Web ブラウザを起動し直してもログイン状態を維持させることができる。

Cookie 情報として保存されるものは，利用者が送信した情報や，サーバのデータベースに格納した情報を示す識別番号などであり，利用者の PC 内にファイルとして保存される。これによって，あとから再アクセスしても，PC 内の Cookie 情報を渡せば，Web サーバは，渡された識別情報などをもとに，データベースを参照し，ユーザはだれか，ショッピングカートには何が入っているかなどの情報を参照することができる。すなわち，前回の通信（セッション）を再開することができる。**図 4.13** は，ショッピングカートの状態を維持する様子を表現したものである。

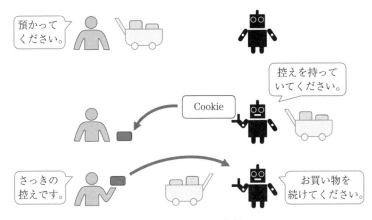

図 4.13 Cookie の役割

Cookie の役割は，状態を再開するための手がかりとなる識別情報を保存することであり，これは利用者側に保存する必要がある。**図 4.14** はログイン状態を維持する手順を示したものであり，実際にやりとりされる Cookie の識別情報は十分に長く，一意性が高いものにしてセキュリティを確保している。

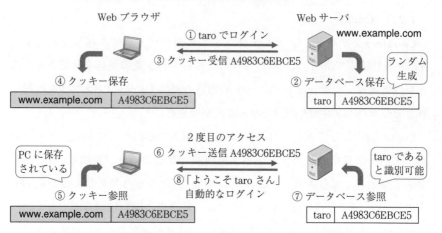

図 4.14 クッキーを利用した自動ログイン

4.2.4 静的 Web と動的 Web

Web コンテンツには静的なものと動的なものがある（**図 4.15**）。ここでいう動的（dynamic）とは，利用者の要求や，現在格納されているデータベース情

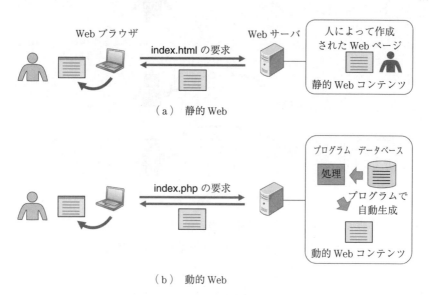

（a） 静的 Web

（b） 動的 Web

図 4.15 静的 Web と動的 Web

報に応じて，Web ページがリアルタイムに変化することを指す。

　図（a）のように，静的（static）Web コンテンツは，人が作成して保存したHTML ファイルそのままの状態を Web サーバが返すものである。それに対して，図（b）の動的 Web コンテンツは，URL パラメータ，フォーム送信内容や現在の日付，ユーザのログイン名などの情報を入力データとして，データベースから必要な情報を抽出し，HTML ファイルを自動生成して返す。このとき，Web サーバ側ではプログラムによってページ生成が行われる。このようなプログラムやデータベースなどを含めて**Web アプリケーション（Web システム）**と呼ぶことがある。

　Web アプリケーションは，今日の情報システムのスタイルとしても，多く用いられている形態であり，商品管理，販売管理，ショッピングサイト，予約管理，e ラーニング，掲示板，ブログ，SNS など，適用分野は広い。

4.2.5　インターネット広告

　インターネット広告は，日本の総広告費の1/4を超える市場規模に成長し，ビジネスや消費活動を活性化させ，サイト運営者の収入源にもなっている。インターネット広告には以下のような種類がある。

〔1〕　**検索連動型広告**

　Yahoo! や Google などの検索エンジンでキーワード検索した際，それに連動してキーワードに関連した広告を検索結果画面に表示する手法であり，**リスティング広告**とも呼ばれる。広告主がキーワードと広告内容を登録しておき，表示された広告がクリックされてはじめて広告報酬が発生する**クリック報酬型広告**である。報酬は広告主から媒体主（広告掲載側）に支払われ，そのキーワードに対し，クリック単価（入札単価）が高く設定された広告が上位に掲載される。

〔2〕　**コンテンツ連動型広告**

　Web ページを日本語解析によりキーワード抽出し，その内容と関連性の高い広告を表示する手法。コンテンツに関連性の高い広告を表示させることで広

告効果が上がる。Web ページの広告枠に画像やバナーで表示されることから，**ディスプレイ広告**や**バナー広告**と呼ばれることがある。クリック報酬型広告として，報酬はまず広告主から広告会社へ支払われ，クリック数等から算出された額が広告掲載したブログなどのサイト運営者（発信者）の利益に配当される。

〔3〕 行動ターゲティング広告

Web 利用者の行動履歴をもとに興味・関心を推測し，ターゲットを絞って広告を選択的に表示する手法。**図 4.16** のように，ショッピングサイトでの商品閲覧履歴やサイトのアクセス履歴などを行動履歴として用い，Cookie 情報をもとに利用者を識別することで，利用者の興味・関心のありそうな広告が表示される。

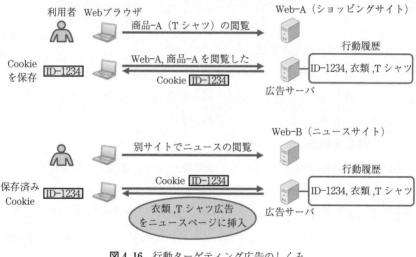

図 4.16 行動ターゲティング広告のしくみ

こうした効果的な広告表示ができる反面，利用者の行動が把握・利用されることへの不安感や，個人識別情報との関係性がわかればプライバシー権が脅かされるという懸念もある。利用者は行動ターゲティング広告の配信を希望しない場合，つぎのオプトアウトの手続きをすれば広告配信を停止できる。

- オプトアウト … 広告配信や個人情報の利用に対し，利用者が事前あるいは事後に拒否すること。（本人の承諾なしに配信・利用でき，拒否手続きがあれば配信・利用停止しなければならない。）
- オプトイン … 広告配信や個人情報の利用に対し，利用者が事前に承諾すること。（必ず本人承諾確認を行い，承諾がなければ配信・利用不可。）

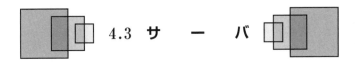

4.3 サ ー バ

4.3.1 サ ー バ と OS

インターネット上には，Web サーバをはじめ，さまざまなサーバが稼働しており，それに適した OS やマシンを用いる。サーバ用 OS としては，**Windows Server** や **Linux** のシェアが高い。

Windows Server は Microsoft が開発，販売し，操作しやすく充実した管理機

表4.3 おもなサーバソフトウェア

サーバソフトウェア	役 割
Web サーバ	Web コンテンツの提供，Web アプリケーションの稼働
メールサーバ	メール送信用（中継用）サーバ，受信用サーバによるメール配信
DNS サーバ	ドメイン名から IP アドレスを得るための名前解決
DHCP サーバ	PC に対する IP アドレスや DNS サーバアドレスの自動設定
TELNET/SSH	サーバ OS の遠隔管理
ファイルサーバ	共有フォルダの提供
データベースサーバ	データベースの管理，データの抽出，挿入，更新，削除
プロキシサーバ	Web サーバへの中継，セキュリティ機能，ページキャッシュ
タイムサーバ	標準時刻の配信，PC の自動時刻修正
認証サーバ	ログイン認証機能の提供
FTP サーバ	ファイルダウンロード専用サーバ
プリントサーバ	印刷データのスプーリング，プリンタの共有機能（ハードウェア製品のプリントサーバもある。）

能や，クラウドシステムで重要となる仮想化技術や，企業の業務基盤として役立つ Active Directory などの技術が導入されている。Linux はオープンソースの OS であり，OS や各種サーバソフトウェアの入手や複数利用者からのアクセスは無償である。Linux の管理はコマンド入力とファイルやスクリプトの記述が中心となり，ややスキルを必要とする。

　サーバ OS 上ではさまざまなサーバソフトウェアが稼働する。おもな種類を**表 4.3** に挙げる。

4.3.2　ファイルサーバと NAS

　ファイルサーバは，ネットワーク上の共有フォルダを提供し，複数の利用者や，複数の PC からファイルの参照，保存ができるシステムである。

　閲覧中心の Web サーバと異なり，ファイル保存も目的とし，企業内での情報共有に活用されることが多い。企業の情報ツールには電子メールがあるが，ファイル添付機能はあるものの，多量かつ体系化されたファイルの管理と運用には，電子メールは煩雑で使いにくい。ファイルサーバは，利便性のために，PC 内で使用しているフォルダ構造を，そのままネットワークから参照できるようにしたものである。

　ファイルサーバが企業内の情報共有に使われることから，セキュリティ機能は必須であり，部外者のアクセスを禁止し，なおかつ攻撃に対する堅牢性も確保しなければならない。通常，ファイルサーバはインターネット上からはアクセスできないようにするのが一般的である。インターネット経由での利用には，Web アプリケーションベースの共有フォルダや，一時的にクラウドサービスの共有スペースを使うケースもある。

　NAS（Network Attached Storage）は，ファイルサーバ機能専用のサーバマシンである。ソフトウェアのインストールの必要がなく，初期設定も比較的簡単であり，LAN に接続するとすぐに使用を開始できる。市販の NAS の多くは，小型化したサーバにサーバ OS とファイルサーバを搭載し，ディスクを二重化などした仕様が見られ，企業での運用に実用的である。

　ファイルサーバや NAS では，共有フォルダの機能を使用することになる。例えば Windows の共有フォルダの場合，**図4.17** のようなセキュリティ機能を持つ。共有フォルダにおいて，各ユーザ（グループも可）に対するアクセス権を設定しておく。「フルコントロール」，「変更」，「読み取り」，「なし」のアクセス権によって，図のようにファイルの参照や保存が制限される。

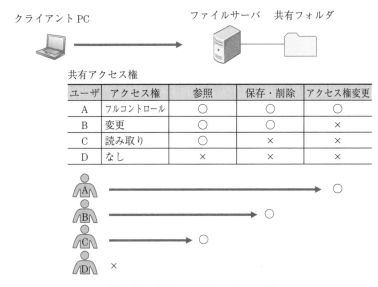

図4.17　共有フォルダのアクセス権

　NAS などは部署単位で導入するケースも多く，部署内の利用者の手によってアクセス権を設定し運用する場合，これらの違いを理解して使いこなすこと，設定の確認作業をすること，グループ構成するか否か，どのグループやユーザにどんな権利を与えるか，など，技術面と体制面の両方で取り組むことが重要である。

4.4　人工知能と自動化

4.4.1　人工知能と機械学習

　人工知能（Artificial Intelligence，**AI**）は人間の知的行動をコンピュータに

行わせる技術である。第1次 AI ブームと呼ばれた頃は，探索と推論を用いた問題解決としてチェスやパズルを解く研究が行われた。第2次 AI ブームでは，専門家の知識をもとに推論するエキスパートシステムの開発により医療診断への AI 導入などが研究された。しかし，AI は特定の問題や状況にしか対応できず，人間が普段行っている実世界の膨大な情報から注目すべきものを抽出する能力や，柔軟な思考を真似させることは難しく，実用性の面で大きな壁があった。

第3次 AI ブームが到来した近年では，神経網を模倣した**ニューラルネットワーク**によってパターン認識する**機械学習**の研究が著しく発展した。それまで実用化が難しかった大規模なニューラルネットワークによる機械学習処理は，コンピュータの処理能力向上と処理手法の研究によって高い成果が得られた。特に 2012 年の Google の研究では，インターネット上の大量の画像から猫を認識する能力を AI が自ら獲得したことが話題となった。

機械学習に用いられるニューラルネットワークは，**図 4.18** のような人間の神経（**ニューロン**）モデルを基本原理としている。働きとしては，認識対象であるパターン入力（$x_1, x_2, \cdots$）とシナプス結合の**重み**（$w_1, w_2, \cdots$）の積和を活性化関数 f に与えると出力（y_1）が得られ，正しいパターンである場合に出力が1になる。このようなパターン認識を実現するためには，あらかじめ正しいパターンで 1，異なるパターンで 0 が出力されるよう，重みの調整を反復的に行う。この反復処理が**学習**（training／learning）である。

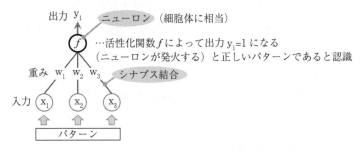

図 4.18 ニューロンモデル

　適切に学習されたニューラルネットワークでは，正しいパターンは正しく認
識できるが，やや異なるパターンであっても認識可能である。これを**汎化能力**
と呼ぶ。例えば手書き文字の「3」は書くたびにあるいは人により微妙に形が
異なる。人間は「3」に似ていれば「3」であると認識できるので，汎化能力を
持つニューラルネットワークは人間の認識機能を代行することができる。

4.4.2　ディープラーニング

　文字認識のほか，実世界のさまざまなものを高精度で認識するためには，大
規模で複雑なネットワークが必要となる。**図 4.19** はニューラルネットワーク
の構造例であり，入力層と出力層のシンプルな構造である**単純パーセプトロン**
と中間層を持つ**多層パーセプトロン**に大別される。特に 4 層以上の場合は
ディープラーニング（深層学習） と呼ばれ，層が深いと認識精度が向上する。
しかし当初は深層化による計算量増加で学習時間が非常に長かった。また，層
が深いと学習がうまくできないという大きな問題があった。第 3 次 AI ブーム
となったディープラーニングでは，こうした問題は新たに考案された処理方法
で解消され，100 層を超える大規模ネットワークも実現された。さらに，それ
までの機械学習と異なり，与えられた画像などから特徴を自動的に抽出する機
能を持つようになった。

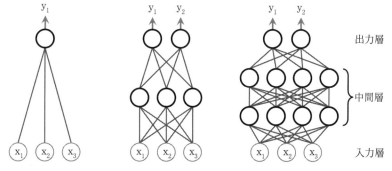

（a）単純パーセプトロン　（b）多層パーセプトロン　（c）ディープラーニング

図 4.19　ニューラルネットワークの構造

　ディープラーニングのパターン認識技術を，医療，自動運転，オートメーション，エレクトロニクス分野などに応用する研究が現在行われている。また，認識精度の向上によってさまざまな場面で実用化・商品化され，特に画像認識の適用分野は広く，目視作業の AI 化は精度向上やコスト削減に有効である。ディープラーニングの応用事例としてつぎのようなものがある。

- **画像認識** … 画像中の物体検出，農作物の選別作業や収穫予測，果物の傷検出，病理画像診断，製品の不良検査，量販店の欠品認識，ごみの識別，設備の異常判定，建造物の劣化判断，設計図面の要素集計，SNS 投稿画像に映った商品の抽出，顔の感情認識
- **音声認識** … 家電製品や家庭設備の音声操作，SNS 投稿動画音声の検索，コールセンターの自動要約やオペレータのアシスト，会議の議事録生成，不動産物件紹介，英語スピーキング評価
- **音声合成** … 自然で高品質な音声合成とテキスト読み上げ，歌声合成（ボーカル），音声合成による声優
- **テキスト／データ処理** … 自然な自動翻訳，記事執筆，株価予測，融資審査，顧客ニーズの予測，顧客へのレコメンデーション（商品の推奨），Web 広告

4.4.3　IoT

　IoT（Internet of Things）は「モノのインターネット」として，さまざまな物がインターネットに接続され相互に情報交換や機器制御する仕組みである（**図4.20**）。IoT は AI と並ぶ第 4 次産業革命のコアとなる技術革新に位置づけられており，わが国は IoT による大量情報の円滑な流通を国民生活および経済活動の基盤とする社会の実現を目指している。

　IoT の目的は，機器・設備などからデータを収集し，状態の監視・把握や物を制御し，またそれらのデータを蓄積，分析，利用することで新たな付加価値を生み出すことである。IoT では通信手段に短距離系無線技術の Wi-Fi，Bluetooth や長距離系の LTE・5G，LPWA（Low Power Wide Area）などが，ま

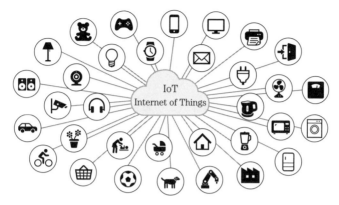

図 4.20 IoT のイメージ

表 4.4 IoT の適用対象例

	対象	機能	使用する装置・センサ
設備・機器	建造物, 工場, 家電製品	稼働状態の把握, 異常の監視, 動作の制御, 音声操作	電流・電圧・電力計, 速度計, モーター回転数計, 振動センサ, 圧力センサ, 歪みセンサ, 人感センサ, 重量計, 流量計, イメージセンサ
環境	自然, 工場, 農場, 家	環境変化の把握, 災害の検知, 室温の制御	温度センサ, 湿度センサ, 照度センサ, CO_2・VOC センサ, 赤外線・紫外線センサ, 騒音計
乗り物	自動車, 自転車	走行状態の記録, 電動アシスト	GPS, NOx センサ, 設備・機器・環境用各種センサ
人	行動, 活動, 健康, 高齢者, 子供, ペット	入退室管理, 移動記録, 活動量計, ヘルスケア, 子供・お年寄り・ペット見守り	スマートフォン, ウェアラブルデバイス（時計型, メガネ型）, スマートロック（電子錠）, IC カード, GPS, 加速度・角速度センサ, 地磁気センサ, 指紋センサ, 心拍センサ, 血圧センサ, 家電製品の利用状態検知

たデータ収集に各種センサ類が用いられる。IoT の適用対象を**表 4.4** に示す。

　IoT 装置（デバイス）は世界的に急増しており, 大きな市場を成している。その利用分野は, 通信, コンシューマ, コンピュータ, 産業, 医療, 自動車, 宇宙・航空などがある。特に急増するコンシューマ分野には, 家電, PC 周辺機器, オーディオ, 玩具, スポーツ・フィットネス, 健康管理などがあり,

PC やスマートフォンを活用した利用スタイルが多い。また，通信機能を搭載した自動車（コネクテッドカー），工場オートメーション機器，各種センサを使った保守・管理などの IoT 化も進んでいる。**表 4.5**，**図 4.21** に IoT デバイス等の例を挙げる。

　一方で IoT デバイスを狙ったサイバー攻撃も増加している。セキュリティ対策が不十分な脆弱性の高い IoT デバイスは攻撃の踏み台として悪用される危険性が高い。デバイスの使用傾向として，パスワードが容易に推測できるもの（1111 や 1234 など）や未設定のものが存在する。また，セキュリティ対策アップデートがされないまま，管理されずに放置され続けるデバイスが増加しており，**サイバーデブリ**（ごみ）と呼ばれセキュリティ上の問題となっている。

　広範囲で情報セキュリティを考えた場合，事故・故障や自然災害による影響

表 4.5　IoT デバイス／システムの例

名称	概要
スマートウォッチ	腕時計で心拍数，血圧，歩数，移動距離などを収集しスマートフォンで消費カロリー，運動記録，睡眠状態診断などを表示，スマートフォンからメール着信やスケジュールの通知。
スマートスピーカー	音声認識による IoT 家電の操作，インターネット検索やニュース・天気情報の提供などの AI アシスタント機能。
スマートトイ	玩具，学習教材，AI ロボット，ネコの運動不足・ストレスの解消。
スマートライト	スマートフォンから制御できる電球。音楽連動の調光。
スマートロック	スマートフォン等から施錠状態の確認，施錠・解錠操作。
スマートホーム	省エネ，自動化，見守りなどで IoT や AI を活用して安全・快適な暮らしを実現。
リモートロボット	さまざまな機器のスイッチに取り付けて，スマートフォンから ON／OFF。
HEMS／BEMS（家／オフィスの電力制御）	インターネットの電力価格情報をもとに充電・売電・利用を制御，電力使用量の可視化・節電・CO_2 削減。
IoT 電気ポット	動作状況からお年寄りの生活状態を家族のスマートフォンへ通知。
育児支援 IoT	睡眠・健康モニター，夜泣き・寝相対策，ベースステーションへ通知。
ペット IoT	スマートフォンでモニタリングしペットフードを給餌，迷子の際に首輪に通行人向けの連絡依頼メッセージ。

（a） スマートウォッチ　　（b） スマートロック　　（c） スマートトイ
Xiaomi 社 Amazfit Bip　　CANDY HOUSE 社　　SONY 社 MESH ワイヤレ
　　　　　　　　　　　　SESAME Mini　　　　スファンクショナルタグ
　　　　　　　　　　　　　　　　　　　　　人感（Motion）

図4.21 IoT デバイスの製品例

も心配される。工場，医療，交通，家庭などの場において IoT デバイスによる
誤作動が人々に不利益を与える可能性もある。また，カメラデバイスが他者に
アクセスされる可能性や，センサから得られる人の行動や健康状態のデータの
取得・利用やクラウドへの保存について，プライバシー保護の観点でも問題が
起こり得る。IoT の発展においてはこうした諸問題への対策も重要である。

4.4.4 ビッグデータ

ビッグデータは，従来のシステムでは扱うことが困難な大量のデータであ
り，企業，医療機関，国や自治体，あるいはインターネット上に存在するさま
ざまな情報である。近年，並列計算処理や機械学習などの AI 技術を用いた
ビッグデータの分析による情報活用が行われている。このようなデータ分析に
よって，新たな科学的かつ社会に有益な知見を引き出し，企業の意思決定に活
かせる人材が**データサイエンティスト**である。データサイエンティストに求め
られる基礎スキルとして，機械学習やディープラーニング，そのプログラミン
グに使われる Python 言語や，情報技術者スキルのほかにもビジネスや統計学
の知識が挙げられる。

　インターネット上のビッグデータとして，Web ページに公開されたデータ，
フォームから入力された各種情報，Web サイトの利用状況，SNS にアップロー

ドされた画像・動画・コメント，IoT デバイスから送信されたセンサの数値データ・音声・カメラ映像などがある。これらは多種多様なデータ形式であり，連続的に高頻度で発生するものや蓄積量が日々増加し続けるものもある。ネットワーク大手企業の Cisco 社によると，世界のインターネットにおける送受信データ量は，2021 年に 3.3 ZB（ゼタバイト：TB $=2^{40}$，PB $=2^{50}$，EB $=2^{60}$，ZB $=2^{70}$）に達すると予測されている。基本的にビッグデータにはつぎの三つの特性のどれかが当てはまるとされ，これらは**三つの V** と呼ばれている。

- **Variety**（多様性）… テキスト・画像・音声などの多様なデータ形式
- **Velocity**（頻度）… データが短時間で大量発生（高い頻度・速度で発生）
- **Volume**（量）… 蓄積された膨大なデータ量

　これらの特性によって新たな角度からの発見や予測ができるようになる。各特性に注目したビッグデータの活用例を以下に挙げる。

・カメラ画像（Variety 特性）から AI によって年齢層・性別を判定し来客者の多面的な分析をする。

・5 分ごとの降水状況（Velocity 特性）を分析しリアルアイムで降水予想地図を生成する。

・検索サイトにおけるインフルエンザ患者数と相関の高い大量のキーワード検索状況（Volume 特性）から感染数の予測値を求める。

・牛 5 000 頭の個体・運動・作業に関する 300 項目のデータ（Volume 特性）をセンサで収集し，健康管理や牛乳生産量・出荷時期などを予測・最適化する。

　ビッグデータはおもに企業や組織において独自に収集され内部で利用されるが，公的機関がこれらのデータ提供を受けて一般利用できる形で公開する**オープンデータ**がある。オープンデータを提供するサイト DATA.GO.JP（**図 4.22**）では，日々追加されるデータセットは 25 000 件を超え，その分類は各官公庁別や統計，交通，環境，災害，地理，経済，教育，産業，健康など多岐にわた

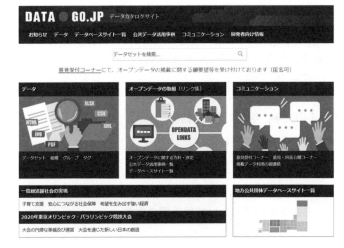

図 4.22 オープンデータの情報ポータルサイト

総務省行政管理局：DATA.GO.JP データカタログサイト，
https://www.data.go.jp/（2020.2.13 参照）

る。

　ビッグデータ活用の課題として，収集されたデータの状態（品質）が悪く，そのままではデータ分析できない場合がある。そこで，データ形式を統一して連携利用を容易にする標準化やデータの誤記や表記揺れなどを修正する**データクレンジング**が必要となる。例えば利用者が Web 入力したデータでは「手稲区前田 7 条 15 丁目 4 番 1 号」，「手稲区前田 7 - 15 - 4 - 1」，「手稲区前田 7-15-4-1」といった表記揺れが生ずるケースが多い。これらを統一・修正する作業がデータクレンジングであり，このような前処理に多くの時間がかかる場合がある。

4.4.5　自 動 化 技 術

　わが国では労働力の有効活用や生産性の向上が求められており，従来よりも少ない人員で生産力を高める **RPA**（Robotic Process Automation，ロボットによる業務自動化）の導入で「働き方改革」が進められている。この場合のロ

ボットとはソフトウェアであり**仮想知的労働者**（digital labor）とも呼ばれている。

RPA ツールではつぎのようなことができる。

- キーボードの自動入力，マウスの自動操作
- **PC** 画面上の文字，図形，色の判別
- システム間のデータの受け渡し
- スケジュール設定とアプリの自動実行
- データの整理，分析
- プログラミングを使用しない処理手順の作成

これらの機能を用いた具体的な自動化の例を以下に挙げる。

- **ID** やパスワードの入力，ボタンのクリックなどの自動操作
- 自動操作箇所の判定，複数の **Web** ページからの情報収集
- **Excel** の注文データをコピーし，販売管理 **Web** システムへ転記し部品発注
- 販売データ，在庫データから日々のレポートを作成
- **POS** データをダウンロードして販売状況の分析，グラフの作成
- メール受信→ データ転記→ **CSV** ファイル変換→ 書類作成→ メール送信

RPA の導入にはつぎのような利点がある。

- **業務の効率化** … 自動化によって手作業が減り，所要時間や動員数などのコストが削減できる。
- **業務の品質向上** … 自動化によって入力・転記ミスや処理の漏れがなくなる。
- **プログラミング不要** … プログラミングスキルが不要なため，事務職や営業職などさまざまな労働者が自分で自動化できる。

- **操作の記録機能** … 人による業務操作手順を記録・再生できるため，簡単に使用できる。

- **システム間の連携** … システムの出力結果を他のシステムに転記するなどシステム間の連携が容易。

- **既存システムの維持** … 自動操作対象のシステムに変更を加える必要がない。

- **業務手順の維持** … 新規システム開発と違い，システムに合わせて業務手順を変えなくてよい。

　一般的なアプリケーション（業務）システムの開発では，開発に要する費用・日数，業務手順の見直し・変更，システム操作の習得，変更自由度の低さなど，大きな変化・制約を受け入れなければならない。一方 RPA は定型業務などにおいて，手作業でやっていた画面上の操作をそのまま自動化するものである。比較的容易に適用でき既存環境の変化も小さい。RPA のほかに利用者サイドで構築・運用できる自動化手段として，Excel などに搭載される**マクロ**（**VBA**）機能が挙げられる。これに対し RPA ではプログラミングが不要かつ Excel（Office）以外でもほとんどのソフトウェア操作を自動化できるメリットがある。

　ソフトウェア操作のほかに，自動化技術として近年導入されつつあるものとして，つぎのようなものがある。

- **無人決済店舗** … カメラやセンサを使って手にした商品や棚に戻す動作などを AI 技術で認識し，支払いは電子マネーで行われる。米国ではコンビニエンスストア Amazon GO に導入されており，わが国でも駅の KIOSK などの無人化が進められている。

- **自動運転** … AI 技術による急ブレーキ判断・飛び出し予測・走行ルート選択，GPS による位置特定，カメラやレーダーによる障害物・歩行者検知，IoT 技術による車車間通信（Vehicle-to-Vehicle，V2V）などの技術を用いて自動車を自動運転する。これには**表 4.6**のような自動化のレベルがあり，実用化に向けた実証実験や法制度の検討・整備が進められている。

表4.6　自動運転レベル

レベル・名称	車両運転制御			説明
	縦方向 （アクセル・ ブレーキ）	横方向 （ハンドル）	緊急時	
0 運転自動化なし	−	−	−	人間がすべて操作
1 運転支援	△		−	どちらか片方を機械が支援的 に操作
2 部分運転自動化	△	△	−	両方を機械が支援的に操作
3 条件付運転自動化	○	○	−	特定条件下（高速道路など） で自動化，緊急時はシステム が人間に介入要求
4 高度運転自動化	○	○	○	特定条件下（高速道路・過疎 地など）で自動化，人間の操 作なし
5 完全運転自動化	◎	◎	◎	すべての状況下で自動化

△：機械が支援，○：条件付き自動化，◎：完全自動化

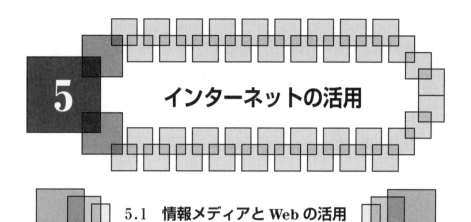

5 インターネットの活用

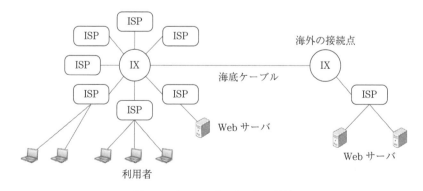

5.1 情報メディアと Web の活用

5.1.1 プロバイダとクラウド

インターネットにおける情報メディアには，人々へ情報伝達するさまざまな手段があるが，それらを支えるインフラ（基盤，infrastructure）として，インターネットへの接続サービスなどが必要になる。

ネットワーク社会におけるプロバイダ（提供者）とは，**ISP**（Internet Service Provider：インターネットサービスプロバイダ）を指すことが多い。日本では，**電気通信事業者**（電気通信事業法 第2条）がこれにあたり，インターネットへの接続サービスを提供し，通信回線の維持管理に努めている。**図 5.1** に示すように，**IX**（Internet eXchange point）は，インターネット相互接

図 5.1 インターネットの相互接続

続点であり，ISP が提供するインターネット回線どうしを接続する役割を持つ。ISP が IX に接続するだけで，他の多くの ISP と中継でき，全体として大きなネットワークを形成する。

　クラウドは，インターネット上にサーバ，アプリケーション，ストレージなどのリソースを置き，利用者がそれらをサービスとして使用できるようにしたものである（**図5.2**）。

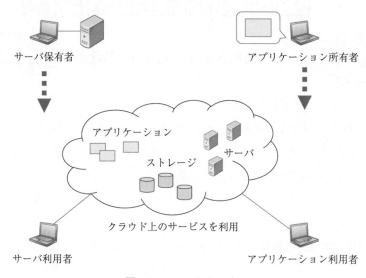

図5.2　クラウドサービス

　利用者が仕事の業務を遂行する際，サーバ，ソフトウェア，ハードディスクの導入と設定など，初期費用と準備作業を必要とし，業務開始までにコストと時間を要する。さらに，システムのトラブル，ハードウェアの故障，メンテナンス，バージョンアップなど，その後の作業や費用が生じる。しかし，クラウドサービスを利用すれば，それらの初期作業やメンテナンスは不要となり，何をどれだけ使うかにより，一定のサービス料金を支払うだけで使用できる。このように，設備やシステムを自前で構築せず，インターネット上のリソースを使用する形態により，コストと管理面で能率のよいシステム運用が実現できる。

　クラウドでは，利用者がハードウェアやそれらの構成などを，気にしなくて
よい。利用者側からは「cloud：雲」のような抽象的なものとなり，提供者側
は，柔軟な構成を行う。サーバの**仮想化技術**は，構成方法の一つであり，物理
的なサーバマシン内に，ソフトウェアによって仮想的なサーバを複数個稼働さ
せることができ，利用者からは，物理的なサーバと同様に使用できる。

5.1.2　ソーシャルメディア

　インターネットの情報メディアとして，ソーシャルメディアは，多数の人々
による双方向通信による交流や情報交換を行う場として，現在発展しつつある
メディアである。テレビ，ラジオ，新聞，雑誌などのマスメディアも，多数の
人々への情報伝達手段ではあるが，ソーシャルメディアは，だれでも情報発信
でき，コミュニケーションに参加できるという点が異なる。なお，**SNS** など，
会員制のものもある。**表5.1** におもなソーシャルメディアの例を挙げる。

表5.1　おもなソーシャルメディア

種　類	ソーシャルメディアの例
SNS	Facebook，mixi
ブログ	WordPress，アメーバブログ
ミニブログ	Twitter
インスタントメッセンジャー	LINE
ソーシャルブックマーク	はてなブックマーク，Yahoo! ブックマーク
集合知	Wikipedia
Q & A	Yahoo! 知恵袋，教えて！goo
コミュニティ	クックパッド
動画共有	YouTube，ニコニコ動画
画像共有	フォト蔵，Flicker，Yahoo! フォト
ソーシャルゲーム	GREE，Mobage
検索サイト	Yahoo!，google，Bing
電子掲示板 / 比較サイト	Yahoo! 掲示板，価格 .com，@ cosume

5.1.3 ディジタルコンテンツ

わが国のコンテンツ産業の市場規模は約 13 兆円，うちディジタルコンテンツは約 9 兆円（経済産業省，「デジタルコンテンツ白書 2019」，一般財団法人デジタルコンテンツ協会発行による）となり，経済発展と国民生活の向上に寄与している。コンテンツ産業としては，**表5.2**のようなものがあり，その多くはディジタルメディアによる提供やインターネット上でも配信されている。

表5.2 おもなコンテンツ産業

種　類	コンテンツ産業
動　画	DVD/Blu-ray 販売，DVD/Blu-ray レンタル，インターネット配信，フィーチャーフォン配信，映画上映，テレビ放送
音　楽	CD/DVD 販売，CD/DVD レンタル，インターネット配信，フィーチャーフォン配信，カラオケ，コンサート，ラジオ放送
ゲーム	パッケージソフト販売，オンラインゲーム，フィーチャーフォンゲーム，アーケードゲーム（ゲーム機械）
静止画・テキスト	書籍/雑誌/新聞販売，電子書籍，インターネット配信，フィーチャーフォン配信，それらの媒体上の広告，インターネット広告

このようにディジタル方式によるコンテンツ提供の場としてのインターネットの活用も広がってきている。インターネットの普及とメディアのディジタル化によって，ディジタルコンテンツは拡大しつつある。

ディジタルコンテンツは，これまでのコンテンツに対して，さらに著作権保護の問題が重視される。それは，複製容易性やインターネットでの情報拡散性に起因する。特に，ディジタルコンテンツを他人やインターネットへ公開すれば，制作元の訴訟により多額の賠償金を請求されることになる。一方で，電子書籍は木の伐採や再生紙製造などが不要で，非常に安価で提供されており，ディジタルコンテンツが環境と消費者に与えるメリットは大きい。

5.1.4 e ラーニング

e ラーニング（e-learning）とは，おもにインターネット技術を活用した教育のためのシステムである。近年，大学をはじめ各種教育機関や企業において

も，知識の習得，自己学習，訓練の用途で活用されている。

　e ラーニング上の知識情報や問題集などの教材はコンテンツと位置づけられ，システムの運営側（教育者など）が制作することも，市販のコンテンツを導入することもできる。コンテンツを再編集する際は，ディジタルデータならではの再利用性により能率がよい。教室の授業においても，資料を紙で配布する代わりに電子ファイルで閲覧できるようにすれば，時間短縮などの利点がある。学習者の学習状況を電子データとして把握することができ，学習の管理ツールとしての利用価値がある。

　学習者は，ネットワークに接続できる環境であれば，PC や携帯端末からもアクセスでき，都合のよい時間にレッスンするなど，学習方法がより自由となる。また，学習結果のフィードバックにより，まとめやつぎの学習へ役立たせることができる。このように，個人のペースと成果に応じて，学習者が主体的に進めることもできる。

5.1.5　電　子　書　籍

　紙媒体による書籍を電子情報の形式にしたものを**電子書籍**（電子ブック，ディジタルブック）と呼ぶ。電子書籍はおもに Web ストアなどで購入・ダウンロードし，Android，iOS などの携帯端末や PC に保存して閲覧できる。それにより本棚や古本処分が不要となり，大量の書籍をスマートフォンやタブレットに入れて持ち歩くことができる。また，印刷・製本のコスト低減や環境保護の面でもメリットがある。おもな電子書籍販売サービスを以下に挙げる。

- **Kindle**（アマゾンジャパン合同会社）
- **Kobo**（楽天株式会社）
- **Apple Books**（Apple 社）
- **Google Play ブックス**（Google 社）
- **BookLive!**（株式会社 BookLive）
- **Kinnopy**（株式会社紀伊国屋書店）

- **honto**（大日本印刷株式会社）
- **ebookjapan**（ヤフー株式会社，株式会社イーブックイニシアティブジャパン）
- **BOOK ☆ WALKER**（株式会社ブックウォーカー）

電子書籍の閲覧には，専用端末の電子ブックリーダや専用の閲覧アプリを用いるケースが多い。電子データの複製容易性によって著作権が問題視されるが，電子書籍では専用アプリの使用，購入者認証，他の端末で閲覧できなくする技術的措置などがとられ不正コピーを防いでいる。電子書籍のファイルには，EPUB，.book，XMDF，AZW などの電子書籍フォーマットが用いられており，機能として書籍コンテンツの閲覧に合わせてつぎのような形式が選択できる。

- **フィックス型**（固定型）… 書籍の表示レイアウトが固定され，本の1ページを1枚の画像のように扱う。レイアウトが崩されないため絵や写真で構成されるコミックや雑誌などに使われている。
- **リフロー型**（再流動型）… 画面サイズに応じてレイアウトが流動的であり，フォントサイズ，行間隔，段組み等を読みやすいように変更できる（**図5.3**）。1ページの行数や1行の文字数が変わっても問題のない文章中心の小説やビジネス書などに使われている。リフロー型は，画面サイズや利用者の好みや視力に応じて本のレイアウトを変更でき，紙媒体にはない機能性がある。

図5.3 リフロー型の閲覧画面

5.2 電 子 メ ー ル

5.2.1 メールサーバ

電子メールは，仕事でも生活でも有効な情報伝達ツールであり，メールサーバを介して全世界で相互通信ができる。これは，インターネット上におけるメール配信システムの働きによるものである。**図5.4**のように，メール送信は，**SMTP**（Simple Mail Transfer Protocol）サーバに対して送信依頼する形で行う。SMTPサーバは，メールアドレスのドメイン名を頼りに，SMTPサーバ間のメール転送によって，送信先の所属するドメインの対象SMTPサーバにメールを送る。メール受信者は，自分宛てのメールが届いていないか，**POP**（Post Office Protocol）サーバに接続し，あればダウンロードすることでメール受信する。つまり，SMTPサーバは送信用と転送用，POPサーバは受信用のサーバということになる。また，利用者のPCでは，メールを送受信するソフトウェア（メーラ）を使用するのが一般的である。メーラを使う代わりに，Webブラウザを使ってWeb上で送受信を行うWebメールシステムもある。

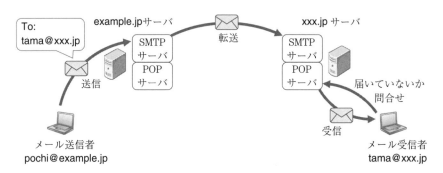

図5.4　メール送受信とメールサーバ

5.2.2　電子メールの設定と機能

電子メールは，メーラとメールサーバの間の通信処理によって，やりとりされる。メール送受信にあたり，事前にメーラへの初期設定が必要となる。

表5.3は，一般的なメーラの設定項目である。通常これらは利用者自身の手で設定すべき内容であり，インターネット関連のソフトウェアとしては，比較的複雑で専門性が高い。そのため，用語の意味を理解している必要がある。

表5.3　メールソフトのおもな設定項目

	設定項目	説　明	設定例
必須項目	SMTP サーバ	送信用サーバのホスト名	smtp.example.jp
	POP サーバ	受信用サーバのホスト名	pop.example.jp
	メールアカウント	POP サーバへのログイン名	pochi
	パスワード	POP サーバへのパスワード	wanwan
	メールアドレス	自分のメールアドレス	pochi@example.jp
選択項目	氏名	メールアドレスに氏名を付加。	山田　太郎
	返信先	返信先を別のアドレスに変更。	pochi@xxx.jp
	メール署名	新規作成メールに定型句を自動挿入。	株式会社　○○○ 山田　太郎 TEL：(XXX) XXX-XXXX
	送信の SSL 有無／ポート番号	送信時の暗号化有無	SSL なし／ 25 SSL あり／ 465
	受信の SSL 有無／ポート番号	受信時の暗号化有無	SSL なし／ 110 SSL あり／ 995
	送信の認証方式	SMTP サーバログイン方式	認証なし 平文パスワード 暗号化スワード POP before SMTP 方式
	受信の認証方式	POP サーバログイン方式	平文パスワード 暗号化パスワード（APOP）
	送信メール形式	本文をテキストのみや HTML 形式にする。	テキスト HTML
付加機能	新着メールチェック	一定時間おきに POP サーバに接続してメールをチェックするなど	
	迷惑メール削除	迷惑メールか判定し削除や特別なフォルダへ移動する。	
	フィルタ機能	アドレスやタイトル，本文に含まれる文字列などでフォルダに振り分ける。	
	アドレス帳	送信先アドレスの管理やグループ化など	

特に必須項目は，設定しておかないとメール送受信はできない。それらは，プロバイダあるいは管理者から情報が与えられたものを使うことが多い。

5.2.3　メーリングリスト

メーリングリスト（通称 ML）は，電子メールの同時配信機能である。**図 5.5** のように，メールサーバに代表メールアドレス（メーリングリスト）を作成し，メンバーを追加しておくと，以後，メーリングリスト宛てのメールはメンバー全員に配信される仕組みである。

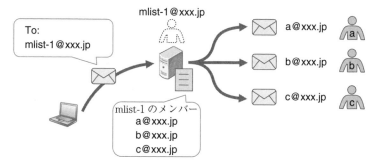

図 5.5　メーリングリストによる自動同報通信

企業や組織では，各部署内のメーリングリストや，従業員全員のメーリングリストなどを用意して情報共有を行っている。1 回のメール送信で，同じ内容を伝えることができる利便性と確実さは，仕事の能率を向上させる。また，メーリングリスト宛てのメールが届くと，発信者はメーリングリストのアドレスなので，これに返信すると，再度メーリングリストのメンバー全員に送信される。この機能を活用して，会議や意見交換を電子メールで行うことができる。このとき，自分が所属するメーリングリスト宛ての送信や返信は，自分にも配信されるようになっている（**図 5.6**）。

メーリングリストは便利であるが，複数の人に送信されるので，返信の際，返信内容が発信者一人にのみに対するものなのか，全員に配信しても構わない内容なのか留意する。

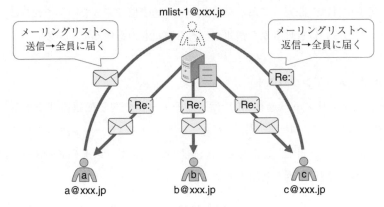

図5.6　メンバー内での相互同報通信

5.2.4　メールの記述法とマナー

　電子メールは文章情報であるから，正しい文法による簡潔明瞭な表現が大切である。通常の対話と同様に，敬語の使用とマナーは必要であり，社会人としてのコミュニケーションであることを念頭に置きたい。電子メールの記述について，つぎにポイントをまとめる。

- タイトルは，おおよそ何についてのメールかわかるよう表現する。
- 本文の先頭に，だれに対してだれからの発信なのかを明記する。
- 初めに，発信の目的などがわかるように短い文で用件を書く。
- 同じ意味を表すのであれば，なるべく短い表現を使う。
- 意味があいまいでなく，はっきり表現する。
- 相手に何をしてほしいのか，はっきり伝える。
- 期日（年月日，曜日）や日時（24時間表記）を正確に書く。
- 尊敬語，謙譲語，丁寧語を使用する。

　また，つぎに電子メールにおける留意事項を挙げる。メール情報が欠落するような事態や，相手にとって警戒心や手間が生ずることも，なるべく避ける。

- 機種依存文字は使わない。相手の **OS** によっては文字化けする。

  例： ① Ⅱ ⅲ ㌘ ㎝ 阩 № Tᴇʟ ㈱ ≒

- 絵文字や顔文字は使わない。

- **HTML** 形式よりテキスト形式を用いる。**HTML** メールは表示が制限されたり，ウイルスなどとして警戒されたりする。

- プログラム（**.exe**）などを添付しない。ウイルスなどとして警戒されたり，メールサーバによって除去されたりする。

- 非常にサイズの大きいファイル，多量のファイルを添付しない。メールサーバによって除去されたりする場合があるので，分割や圧縮する。

- マクロウイルスの対象となる旧形式の **Word**（**.doc**），**Excel**（**.xls**），**PowerPoint**（**.ppt**）ファイルを添付しない。マクロウイルスが混入できないファイル形式（**.docx　.xlsx　.pptx**）や **PDF** ファイル形式を用いる。

- 特別なソフトを使用しないと解凍できないような圧縮ファイルを添付しない。一般的な **ZIP** ファイル形式を用いる。

- 他人が記述したメール内容を記載する際は，「**>**」記号などで引用箇所を区別する。返信相手の引用は問題ないが，第三者のメールを引用する際は，他人の情報を別の他人に伝えることになるので，細心の注意を払う。以下は引用例である。

  > 御社 **Web** サイトの制作打ち合わせの件でございますが，
  > 来週は平日午後であれば時間が調整できます。
  ありがとうございます。○／○火曜日の 13：00 弊社にていかがでしょうか？

5.3 ホームページと HTML

5.3.1 Webコンテンツ

Web ページやそれを構成する画像などを Web コンテンツと呼ぶ。Web コンテンツは，Web サーバのファイルシステムに格納されている。

Web コンテンツについては，Web デザインソフトウェア（Dreamweaver，Fireworks など）を用いるか，テキストエディタ（メモ帳など）でも作成可能である。画像コンテンツは，各種画像編集ソフトウェアなどを活用して用意するなど，Web 制作の手段はさまざまである。

Web コンテンツは，Web ページ，画像，スタイルシート，JavaScript を基本構成要素とし，さらに **HTML 5** や **jQuery** といったコンテンツ技術が普及してきた。HTML 5 は，Web ページに動画などのマルチメディア要素や，グラフィックス描画，アニメーションなどのビジュアル要素を加えるなど，Web ページの基礎である HTML の機能を強化したものである。また，jQuery は，Web ページの動作部分である JavaScript を簡単に活用できるようにし，PC や携帯端末における Web ユーザインタフェースを，よりリッチ（操作性，視覚効果，豊かなデザインの向上，低ストレス）にするものである。

5.3.2 HTML による Web ページの作成

Web ページは，**HTML**（Hyper Text Markup Language）によって記述する。HTML は，ページ内容を記述するための言語であり，**HTML タグ**と呼ばれる「< >」記号で囲まれたキーワードを用いて，文字，段落，表，画像などを配置していく。タグには多数の種類があり，さまざまな機能を提供している。**リスト 5.1** は，基本的な HTML タグを用いたシンプルな Web ページのソースリストである。これをブラウザで表示すると，**図 5.7** のようになる。

HTML ファイルの基本構造を**図 5.8** に示す。先頭行は DOCTYPE タグによるドキュメントタイプの宣言であり，HTML 5 の場合はこのように書く。つぎに

リスト 5.1　HTML ファイルの例

```
1   <!DOCTYPE html>
2   <html>
3   <head>
4   <title> ホームページ例 </title>
5   </head>
6   <body>
7   <p>Web ページでよく使われる画像形式 </p>
8   <h3>GIF</h3>
9   <img src="a.gif"/>
10  <h3>PNG</h3>
11  <img src="b.png"/>
12  <h3>JPEG</h3>
13  <img src="c.jpg"/>
14  </body>
15  </html>
```

図 5.7　Web ブラウザで表示した HTML ファイル

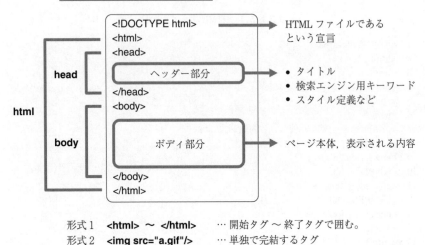

形式1　**<html> 〜 </html>**　　… 開始タグ〜終了タグで囲む。
形式2　**<img src="a.gif"/>**　　… 単独で完結するタグ

図5.8　HTMLファイルの基本構造

htmlタグでHTML内容の全体を囲み，その内容はさらにheadタグの部分と
bodyタグの部分に分かれる。

　これらのタグの文法は，<html> 〜 </html> というように開始タグと終了タ
グ（/で始まるタグ）が対になった構造を基本とする。また，他のタグについ
ても，この基本文法に従い，入れ子の構造（タグの親子関係による構造）に
よって柔軟に記述できる。

　タグには対にならないものもあり，例えばimgタグは <img src="a.gif"/> と
いったように単独で記述するものである。この場合，一つのタグの中に必要事
項を記述し，最後にタグの終了を意味する「/」記号をつける。<xxx 〜 /> と
いうパターンを見つけたら，単独で完結したタグであると判断できる。

　リスト5.2に表形式によるHTMLの例を示す。tableタグで表を作り，その
中にtrタグで行を作り，さらにその中にtdタグで列を作る。tdタグの部分は
表におけるセル（行と列の交差するマス目）に相当している。table，tr，td
のタグは，開始タグ 〜 終了タグの構造で用いる。

　tdタグの中には，さらにさまざまなタグを入れ子の形で記述でき，この例

リスト 5.2 TABLE タグによる表の例

```
1   <!DOCTYPE html>
2   <html>
3   <head>
4   <title>TABLE タグの例 /title>
5   </head>
6   <body>
7   <p>Web ページでよく使われる画像形式 </p>
8   <table border="1">
9       <tr>
10          <td><h3>GIF</h3></td>
11          <td><h3>PNG</h3></td>
12          <td><h3>JPEG</h3></td>
13      </tr>
14      <tr>
15          <td><img src="a.gif"/></td>
16          <td><img src="b.png"/></td>
17          <td><img src="c.jpg"/></td>
18      </tr>
19  </table>
20  </body>
21  </html>
```

では，h3 タグ（太字の見出し）や img タグ（画像）を使用している。また，
td タグの中にさらに table タグによる表の構造を記述して，入れ子になった表
も作成できる（**図 5.9**）。なお，table タグの border 属性の値を 0 にすること
で，枠線を透明化するレイアウト用としての表の活用法がある。

図 5.10 に table タグの構造を示す。table タグは複雑に見えるが，table → tr

図 5.9 Web ブラウザで表示した表形式の HTML ファイル

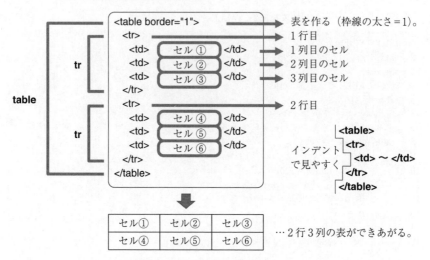

図5.10 TABLE タグの構造

→ td の順序構造を持つことを除けば，他のタグと文法構造はまったく同じで
あり，それをしっかり理解すれば，複雑な構造でも自由に記述できる。

　なお，構造が複雑化すると，読みにくくなるため，入れ子（ネスティング）
のレベルに応じて字下げ（インデント）すると見やすい。インデントは，一般
的にプログラミングで基本となる記述法である。

5.3.3 CSS と Web デザイン

　Web ページに対し，レイアウトやデザインの調整をすることで，より見や
すく美しいページとなる。このデザインの調整をするのが，**スタイルシート**
（Cascading Style Sheets，**CSS**）の役割である。

　リスト5.3に，基本的なスタイルシート機能を使用した HTML ファイルの
例を示す。6 ～ 13 行目の <style> ～ </style> の部分がスタイル定義部分であ
る。**図5.11** がその表示結果であるが，このスタイル定義部分がない状態とあ
る状態を比較すると，その効果がわかる。

　スタイルシートの利点は，HTML ソースの細部にはほとんど変更を加えず
に，ページ全体におよぶさまざまな要素のデザインを調整できることである。

リスト 5.3 スタイルシートの活用例

```
1   <!DOCTYPE html>
2   <html>
3   <head>
4   <title> スタイルシートの例 </title>
5
6   <style type="text/css">
7   table      { border-collapse: collapse; border: solid 2px #6688aa; }
8   td         { padding: 8px; line-height: 1.5em; border: solid 1px #88aacc;
9                font-size: 0.8em; font-family: メイリオ ;}
10  td h4      { margin: 0px 0px 8px 0px; color: #cc5500; }
11  td img     { width: 150px; }
12  td.test    { text-align: center; }
13  </style>
14
15  </head>
16  <body>
17  <table border="1">
18      <tr>
19          <td><h4>GIF</h4>256 色，可逆性圧縮，色の濃淡が少ないはっきりした図や
20  イラストなどに向く。</td>
21          <td><h4>PNG</h4> フルカラー，可逆性圧縮，図やイラストから写真まで用
22  途が広く透過形式も可能。</td>
23          <td><h4>JPEG</h4> フルカラー，非可逆性圧縮，1/10 ～ 1/30 の高圧縮に
24  よる写真などに向く。</td>
25      </tr>
26      <tr>
27          <td class="test"><img src="a.gif"/></td>
28          <td class="test"><img src="b.png"/></td>
29          <td class="test"><img src="c.jpg"/></td>
30      </tr>
31  </table>
32  </body>
33  </html>
```

つまり，デザイン定義と文書データの記述を分離し，能率よくページ制作がで
きる。

　リスト 5.3 で使用したスタイルシート定義について**表 5.4** に補足説明する。

　スタイルシートは，サイズ，余白，間隔，色などを，スタイル定義部分に
よって，集中管理することができるため，一貫性のあるページレイアウトを制
作，管理できる。そして，人が視認しやすく内容を読み取りやすくするための

（a）　スタイル適用なし

（b）　スタイル適用あり

図5.11　スタイルシートの適用結果

微調整が可能である。

　余白や間隔は，ただの空白領域であるが，デザインにおいて重要な構成要素である。**図5.12**に余白や間隔についての補足説明を示す。これは，二つのブロック要素の入れ子関係（リスト5.3でのtdとh4タグがこれらに相当）において，要素の枠（破線部）に対する**外側の余白**（margin）と**内側の余白**（padding）について表したものである。また，テキストの**行間隔**（line-height）は，一般に文字の1.5倍程度が読みやすいとされている。

　Webページのデザインとは，ビジュアルに関する創作と文書情報の構造やレイアウト調整などの総合的な制作作業である。美しさと視認性の両方が求め

表5.4 スタイル定義の説明

記　述	説　明
<style type="text/css"> ～ </style>	スタイルの定義部分
table 　{ ～ }	table タグのスタイル定義
border-collapse: collapse;	表のセル間の罫線を分離しない。
border: solid 2px #6688aa;	外枠線の種類・太さ（ピクセル）・色（RGB）
td 　　{ ～ }	td タグのスタイル定義
padding: 8px;	セル内の上下左右の余白
line-height: 1.5em;	テキストの行間隔（倍数）
border: solid 1px #88aacc;	セル周囲の罫線の種類・太さ・色
font-size: 0.8em;	テキストのフォントサイズ
font-family: メイリオ ;	テキストのフォント名
td h4 　{ ～ }	td タグ内にある t4 タグのスタイル定義
margin: 0px 0px 8px 0px;	タグの上右下左のマージン
color: #cc5500;	テキストの色
td img 　{ ～ }	td タグ内にある img タグのスタイル定義
width: 150px;	画像幅（高さは幅に合わせて自動調整）
td.test 　{ ～ }	class="test" の属性を持つ td タグのスタイル定義
text-align: center;	水平方向で中央ぞろえ

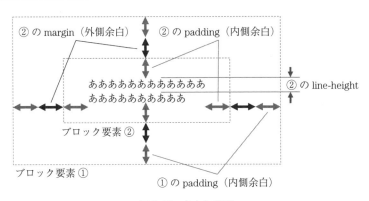

図5.12 余白と間隔

　られる。さらに，Web ページの集合体である Web サイトの設計では，一貫性
のあるページデザインのほかに，情報の体系や分類，メニュー階層など，情報
閲覧のための機能性も重視される。

5.3.4 Web の 公 開

作成したWebページを公開する場合は，**図5.13**のように**FTP**（File Transfer Protocol）クライアントなどのソフトウェアを用いて，Web コンテンツのすべてを FTP サーバにアップロードすればよい。この場合，事前にプロバイダあるいは管理者より Web 制作者へ FTP アクセスのログイン名とパスワードが通知されており，自分の Web コンテンツ格納場所へのアクセス権が与えられている。

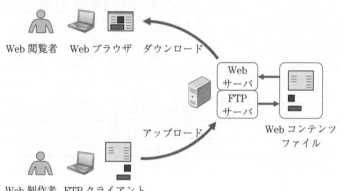

Web 閲覧者　Web ブラウザ　ダウンロード

Web サーバ
FTP サーバ

アップロード

Web コンテンツファイル

Web 制作者　FTP クライアント

図 5.13　Web ページのアップロード

なお，Web 公開にあたって，つぎの事項に留意する。

- 文章，写真，画像において，**著作権やプライバシーの侵害はないか**。
- **文章の誤字脱字はないか**。
- **画像ファイルは，圧縮して適切なサイズになっているか**。
- **Internet Explorer，Chrome，Firefox** など，利用シェアが高い複数の **Web** ブラウザで，正常に表示されるか確認しておく。

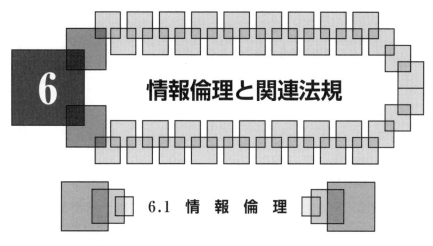

6 情報倫理と関連法規

6.1 情 報 倫 理

6.1.1 ディジタル情報の性質と情報倫理

インターネット上でやりとりされる情報，つまり，テキスト，画像，映像，音声などのディジタル情報には，基本的につぎのような性質がある。

- **加工が容易**

  テキスト，画像，映像，音声などの編集ソフトウェアを用いることで，容易に加工できる。

- **発信が容易**

  Web サイト，SNS，動画共有，掲示板，電子メールなどの手段を用いることで，容易にインターネット上へ発信できる。

- **収集が容易**

  Web ブラウザなどを用いることで，容易にインターネット上から収集できる。

- **コピーが容易**

  OS の標準機能を用いることで，ハードディスク，光メディア，USB メモリなどに，容易にファイルをコピーできる。

このような性質は，ディジタル情報の利点であるが，情報社会における問題点の原因にもなっている。著作権やプライバシーの侵害をはじめとする各種の不法行為，不正行為，迷惑行為である。そのような問題への対応策として，つ

ぎの2点が挙げられる。

① ディジタル情報の暗号化技術による不正防止
② 法律による規制

① の暗号化技術は，不正行為をやろうとしても，できないようにする技術的対応策であり，加えて暗号化の解除による不正行為を法律で規制することで，二重の対策としている場合もある。

② の法律は，罰則，企業などの組織における評価への影響，法を守ることへの道徳的判断などにより，人々が不正行為に至らぬように抑止する働きがある。

これらの対策は，情報社会の発展速度に呼応して，新技術の開発，法改正や新たな法制度が設立されるなど，変化していくものであり，情報倫理の生涯学習が必要であることを意味している。

情報倫理とは，情報社会における行動の規範であり，情報倫理の学習は，情報社会でのさまざまな面における問題に対して，道徳的な理解と行動の仕方を習得することである。そして，生涯学習による継続的な学びが，時代により変化する物事への学習スタイルとなる。今日の情報倫理を身につけるために学ぶべきことは，問題対処法のポイントだけではない。その背景となる技術を理解し，情報活用の有用性と危険性に注目し，問題の事例を知り，さまざまな事態に遭遇した際の適切な判断力や思考力を養う，といった総合的な学習から形成される行動力の獲得が目的となる。つぎに情報倫理の学習対象項目をまとめる。

情報倫理の学習対象項目
- コンピュータやインターネットにかかわる技術と専門用語
- コンピュータやインターネットの活用
- コンピュータやインターネットにかかわる管理
- 情報社会にかかわる法制度と留意点
- 情報社会にかかわるトラブルや違法行為の事例
- 情報社会における企業活動と生活

- 報道メディアや政府機関からの情報獲得
- 一般的な道徳の理解

6.1.2　情報社会における責任

インターネット利用において，自らの情報送受信によって生じるリスクや社会的責任は，自分が負うのが原則である。また，他人からの一方的な攻撃を受ける場合でも，それを回避して悪影響を排除するのは自分であり，また，組織においても管理体制をとる責任が問われるのが実情である。ウイルス被害にあった場合も，個人情報の流出やシステムの破壊にあっても，だれかがそれを元に戻すことはしてくれず，個人や自分たちの組織で対処するのが基本となる。

各種の法律違反や権利侵害に該当する場合，刑法，迷惑防止条例，民事訴訟によって懲役，罰金が課せられるか，精神的苦痛を理由に損害賠償が請求されることがある。また，法的責任のほかにも，所属する学校や企業から処分を受けることもある。

これらのように，法の遵守だけでなく，自分の身を守り，安全対策や人に迷惑をかけることに対しても責任を持ち，行動すべきである。

6.1.3　情報発信の留意点

Web 公開や掲示板への書き込みなど，情報発信における留意点の例をつぎにまとめる。

〔1〕　対象となる情報発信先

- ホームページ，電子掲示板，ブログ，SNS など他人が閲覧可能なさまざまな場。

〔2〕　著作権の侵害

- 書籍，雑誌，新聞，テレビ，DVD，CD などの文章，写真，画像，映像，音楽は無断転載できない。
- 他人のホームページ，電子掲示板，メールなどの文章，写真，プログラム

を無断転載できない。

- 情報の引用は，禁止されていない場合は無許諾で転載できるが，正当な目的と分量であり，括弧などで引用部分を明確に区別し，著者名，書名，出版社名，出版年などを明示する必要がある（ホームページの引用は，作成者名，タイトル，URL，閲覧年月など）。

〔3〕　商標権・意匠権の侵害

- 商標登録された製品名，サービス名，ロゴ，シンボルマーク，立体造形物等は使えない。
- 意匠登録された製品の工業デザインに類似したデザインは使えない。

〔4〕　肖像権・パブリシティ権の侵害

- 他人の写真をホームページ等に無断転載できない。
- 芸能人，著名人の写真，キャラクタの画像を無断使用できない。

〔5〕　プライバシーの侵害

- 氏名，年齢，生年月日，住所，電話番号，家族関係，生活上の情報等は無断掲載できない。

〔6〕　人 権 侵 害

- 性別，人種，国籍，思想，信条，年齢，職業，社会的身分，身体的特徴などに対し，差別的発言や誹謗中傷はしてはならない。

〔7〕　公序良俗に反する行為

- ネズミ講，危険性の高い取引き，不法薬物取引，わいせつな行為，反倫理行為，反正義行為，暴利行為（不当額の要求）をしてはならない。

〔8〕　特定商取引法の義務

- ホームページ上で物を売る場合は，通信販売に該当し，法に定められた表示義務などが生じることがある。

〔9〕　ホームページ作成上の留意点

- 暴力的，性的，反社会的行為などの表現は自主規制を心がける。
- 情報の発信者や責任の所在を明確に表示する。
- HTML の文法規格に従い，標準性を重視する。

- 画像コンテンツの表示サイズ，ファイルサイズを適度なものにする。
- 作成内容，文章表現をよく見直して公開する。

6.1.4　メール送信の留意点

メール送信における留意点の例をつぎにまとめる。

〔1〕　発　信　者

- 本文において発信者名，所属名を明記する。発信者アドレスを偽装しない。

〔2〕　受　信　者

- 本文において受信者名を明記する。
- 複数の受信者へ送信する場合，通知内容，依頼内容が全員に対するものなのか考えて表現する。また，迷惑行為にならぬよう留意する。
- 参考として送信内容を上司や同僚にも同時に送りたいときは CC（BCC）を使う。

〔3〕　タ イ ト ル

- 送信内容の趣旨，要件が一目でだいたいわかるような文言を考える。受信側でメール一覧からすばやく探せるように具体的な文言を考える。

〔4〕　本　　　　文

- だれへ，だれから，何の件で，どんな内容で，いつ，どうしてほしいか等を簡潔明瞭に表現する。
- 正しい日本語，相手に意味が伝わる内容，相手に応じた敬語を使う。
- 相手を不愉快にさせないよう，言葉遣いや内容に気をつける。
- 基本的に HTML 形式は使わずテキスト形式にする。
- Windows, Mac，携帯端末等で表示が異なる特殊な機種依存文字は使わない。

〔5〕　ファイル添付

- プログラムファイル（.exe .js .vbs），旧 Office ファイル（.doc .xls .ppt），HTML ファイルなどはウイルスの警戒対象とされることに留意する。
- サイズの大きいファイルには注意する。大きすぎると，メールサーバで除去され，相手に送信されない場合もある。

〔6〕　**不正な行為**

- 他人へのなりすまし，虚偽の内容の送信，チェーンメールの転送，迷惑メールの送信などは行わない。人から受信したメールの内容を公開しない。

〔7〕　**メールチェック**

- 基本的に毎日メールをチェックする。

6.1.5　自己の個人情報送信の留意点

自己の個人情報送信における留意点の例を以下にまとめる。

〔1〕　**基本情報の送信**

- 住所，氏名，電話番号，生年月日などの個人情報の送信は十分慎重に行う。
- メールアドレスを送信すれば，迷惑メールが届く可能性について理解する。

〔2〕　**重要・秘密情報の送信**

- 銀行口座番号，クレジットカード番号，それらの暗証番号，なんらかのパスワードなどを，認証画面以外の別の場面で送信することはまずないものと考え，警戒する。

〔3〕　**自動的に送信・保存される情報**

- 勧誘目的のメール上のリンクをクリックすると，リンクにメールアドレスを特定する情報が付加されており，あとで料金請求がくる被害がある。
- 他人や共用のPCを使用する際，URL，ページ閲覧履歴，IDやパスワードその他の入力内容等（クッキー情報）が自動的に保存されることを理解する。

〔4〕　**他人の個人情報**

- 他人の個人情報を扱う際は，流出に注意し，不必要な保存，コピーはしない。暗号化する。

6.1.6　情報セキュリティの留意点

情報セキュリティにおける留意点の例を以下にまとめる。

〔1〕　**パスワード管理**

- 氏名，生年月日，電話番号などを使ったパスワードを用いない。

- 8文字以上，大小文字と数字を混在させる。
- パスワード入力場面を他人に見せない。

〔2〕 不正アクセス禁止法違反

- 他人の ID とパスワードでアクセスしてはならない。また不正アクセスのために，ID・パスワードを入手したり，渡したりしてはならない。

〔3〕 脅威となる行為

- 秘密情報の盗聴，漏えい，情報の改ざん，他人へのなりすまし，ウイルス，迷惑メール，デマ情報の発信，システムへの不正侵入，妨害，破壊，高負荷を与える行為はしない。

〔4〕 ウイルス対策

- 心当たりのないメールの添付ファイルは開かない。
- インターネット上からソフトウェアをダウンロードする際は気をつける。
- ウイルス対策ソフトウェアを導入し使用法を理解する。

〔5〕 物理的な留意点

- ノート PC の紛失や故障，他人との USB メモリのやりとり，情報が記載された紙媒体の管理などに留意する。

6.1.7　PC の管理とリサイクル

　PC には，個人情報，仕事で扱うデータなどの重要情報や，インストールされたソフトウェア資源なども格納されている。それらを破損したり，他人により不正使用されたりしないために，日常における PC 管理は重要である。

　まず，ノート PC などが他人に持ち去られないよう管理することが大切である。利用場所で席を立つ際や，一時的に手から放して置くこと，使用しないときの保管場所などに留意する。ノート PC の持ち運びには，緩衝材で補強されたノート PC 用のバッグなどを用いるのが一般的である。衝撃による故障や破損にも気を配り，体から離さずに携帯できるとよい。

　つぎに，PC を他人に利用されたり，中のデータを閲覧されたりしないよう対策が必要である。デスクトップ PC が持ち去られる危険性はノート PC より

　低いと考えられるが，反面，自分自身も持ち歩けない。職場で人の出入りがあるような場所での PC 使用では，自分の見ていないときに他人に触られる可能性がある。そのような場合，パスワードを設定したり PC をシャットダウンさせたりしておくことなどが大切である。また，PC 設置場所の施錠管理，入退室管理も重要となる。

　使い古しの PC や，故障で修理せず破棄するような PC は，手放す前にデータの消去をすることが重要である。そのためには，日頃から，ファイルシステムのどこに情報を保存するのかなど，データ保存の運用方法を決めておき，消去する際に消去漏れのないようにしておく。また，ソフトウェアによっては，利用者の把握していない場所に自動的に情報を保存するものが多いので，それらも対処すべきである。**図 6.1** は **Windows 10** のフォルダ構造例である。通常は C：（C ドライブ）のユーザフォルダ以下に，自分のユーザ名のフォルダがあり，各ソフトウェアはその中にデータ保存するのが基本である。

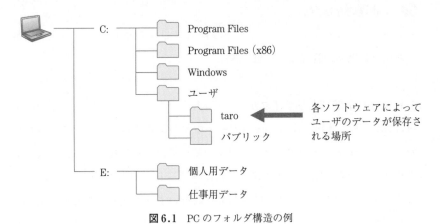

図 6.1　PC のフォルダ構造の例

　また，ファイルを削除しても「**ごみ箱**」に残る場合もあるため，その消去も必要となる。PC の完全なデータ消去は，各 PC メーカーが提供する「データ消去ソフトウェア」を確認して活用するのも有効な手段である。

　PC を廃棄する際，**PC リサイクルマーク**が表示されていれば，資源有効利

用促進法により，PC メーカーの義務により，PC の回収と再資源化が行われる。また，同法制度では，消費者においても，製品の長期間使用，再生資源および再生部品の利用の促進に努める責務がある。

　PC リサイクルの手順としては，PC メーカーの Web サイトで PC リサイクルを申し込むなどして，利用者による手続きを行い，PC を梱包，エコゆうパックなどで PC メーカーへ配送する。なお，その際も，データの消去は利用者側で実施すべきとされている。

　　（参考）　一般社団法人 パソコン 3R 推進協会，「家庭用／事業用 PC リサイクル」，
　　　　　　https://www.pc3r.jp/ を参照。

6.1.8　トラブル等の情報サイトと相談窓口

　PC やインターネットの利用ではさまざまなトラブルが起こり得る。情報の利活用を実践するにあたり，トラブル時の対処は重要なスキルである。一般的なトラブル対処の手順はつぎのようなものであろう。

---

① 結果状況の整理（どんな状況になったか）

② 行動過程の整理（何をしてそうなったか）

③ 事例・症例の検索（検索サイト，企業・組織の情報サイトなどで情報収集）

④ よくある質問の参照（**FAQ**：**Frequently Asked Questions** の参照）

⑤ 問合せ（トラブルの窓口，企業・組織の問合せ窓口を利用，①②の伝達）

　操作や技術的なトラブルであれば，インターネット上に事例と対応策が掲載されている場合があるので，まず検索してみるとよい。特定のアプリや装置に関することは製造元の Web でサポート情報を閲覧してみることも有効である。また，不正なものに遭遇した場合や，メールや Web の利用でトラブルに遭った場合は，インターネット上の事例と対応策を検索したうえで，必要に応じて公的機関などの相談受付窓口を利用する方法もある。**表 6.1** におもな窓口を挙げる。

表6.1 トラブル時の各種窓口

運営・支援団体	サイト名称・タイトル	概要
警察庁	サイバー犯罪相談窓口	フィッシング詐欺の通報窓口
	インターネット安全・安心相談	インターネット上での困りごと（フィッシング，料金請求，オークション，メール，Web・掲示板，不正アクセス，ウイルス，有料サイト，ゲーム）の相談や情報提供の窓口
総務省	違法・有害情報相談センター	違法・有害情報に対する相談や情報提供の窓口（著作権侵害，誹謗中傷，名誉毀損，人権問題，自殺などに関する書き込みやその他トラブルに関する対応方法）
情報処理推進機構	情報セキュリティ安心相談窓口	情報セキュリティ（ウイルスや不正アクセス）に関する技術的な相談に対するアドバイス
	コンピュータウイルスに関する届出	ウイルス感染被害の届出窓口
	不正アクセスに関する届出	不正アクセス被害の届出窓口
	脆弱性関連情報の届出受付	ソフトウェアやWeb アプリケーションに脆弱性を発見した際の届出窓口
	標的型サイバー攻撃特別相談窓口	標的型攻撃メールと思われるメールを受信した際の連絡窓口
	情報提供受付	メール，Web，インターネットサービスについて不審を抱いたものに関する情報提供窓口
セーファーインターネット協会	セーフライン	違法・有害情報の通報窓口
	悪質EC サイトホットライン	詐欺サイトやフィッシングサイト等の悪質なサイトの通報窓口
	インターネット・ホットラインセンター	インターネット上の違法情報の通報窓口
日本データ通信協会	迷惑メール相談センター	迷惑メールに関する相談や情報提供の窓口
フィッシング対策協議会	消費者の皆様へ	フィッシングサイト，フィッシングメールの報告窓口
EC ネットワーク	消費者の皆様へ	ネットショッピング，ネットオークションでのトラブルの相談窓口
日本通信販売協会	通販110番	通信販売に関する相談窓口
全国の消費生活センター	インターネット消費生活相談など	消費者の相談窓口（架空請求・不当請求，インターネットショッピング，ネットオークション，オンラインゲームなど）
パソコン3R 推進協会	家庭で使っていたPC を廃棄	PC の回収・リサイクルに関するメーカー窓口の紹介，自作PC の回収申込み窓口

6.2 情報に関する法律

6.2.1 知的財産権制度

知的財産権制度とは，知的創造活動による創作物を，創作者の財産として保護するための制度である。この創作物は知的財産として権利が生ずるものであり，つぎのように定義されている（知的財産基本法 第2条）。

「知的財産」とは，発明，考案，植物の新品種，意匠，著作物その他の人間の創造的活動により生み出されるもの（発見又は解明がされた自然の法則又は現象であって，産業上の利用可能性があるものを含む。），商標，商号その他事業活動に用いられる商品又は役務を表示するもの及び営業秘密その他の事業活動に有用な技術上又は営業上の情報をいう。

「知的財産権」とは，特許権，実用新案権，育成者権，意匠権，著作権，商標権その他の知的財産に関して法令により定められた権利又は法律上保護される利益に係る権利をいう。

著作権をはじめとする知的財産権や，特許権や商標権を含む産業財産権など，それらを合わせて，おもな知的財産権の保護対象について**表6.2**に示す。各権利は，それぞれの関連する法律によって規定されており，罰則が設けられている。

表6.2 知的財産権の保護対象

種　類		概　要	関連法制度
産業財産権	特許権	発明を保護。出願から20年有効。	特許法
	実用新案権	物品の形状等の考案を保護。出願から10年有効。	実用新案法
	意匠権	物品のデザインを保護。登録から20年有効。	意匠法
	商標権	商品・サービスに使用するマークを保護。登録から10年有効（更新あり）。	商標法

表6.2 （続き）

種　類		概　要	関連法制度
知的財産権	著作権 （著作者人格権）	文芸，学術，美術，音楽，プログラム等の精神的作品を保護。死後70年有効。 （公表権，氏名表示権，同一性保持権）	著作権法
	回路配置利用権	半導体集積回路の回路配置の利用を保護。登録から10年有効。	半導体集積回路の回路配置に関する法律
	育成者権	植物の新品種を保護。登録から25年有効。	種苗法
	営業秘密	ノウハウや顧客リストの盗用など不正競争行為を規制。	不正競争防止法

（参考）　特許庁：知的財産権について，https://www.jpo.go.jp/system/patent/gaiyo/seidogaiyo/chizai02.html を参照。

特に，著作権はディジタル情報の不正コピーの深刻化にともない，近年法改正が繰り返されている。**表6.3**におもな改正内容を示す。

表6.3　近年の著作権法改正

改正項目	改正の概要・趣旨
デジタル化・ネットワーク化の進展への柔軟な対応，教育の情報化への対応，障害者の情報アクセス機会の充実，アーカイブの利用促進（平成31年1月より施行）	• AIによる深層学習，所在検索サービス，情報解析サービスの提供結果に含まれる著作物を対象に，著作権者の利益を害さない利用（鑑賞目的などでない），軽微な利用（一部分の表示）を許容。 • 遠隔授業などでの著作物の公衆送信の許容（一定の補償金を支払えばよい）。 • 視聴覚障害者に加え，肢体不自由等で書籍を読むのが困難な人にも書籍の音訳利用を許容。 • 美術・写真などの著作物の作品展示に際し，インターネット，タブレット，小冊子でのサムネイル画像（小さな画像）による紹介を許容。
著作物保護期間の延長，著作権侵害の一部非親告罪化，アクセスコントロール回避の規制など（平成30年12月より施行）	• 保護期間を原則として著作者の死後50年から70年に延長。 • 販売中の漫画・小説の海賊版販売や映画の海賊版配信を非親告罪化（著作者の告訴がなくても公訴提起が可能）。 • アニメ・漫画の同人誌のコミックマーケットでの販売は非親告罪にならない（二次創作物は原作と異なり，また著作者の利益を不当に害さないため）。 • スクランブル放送などを回避する装置の販売と使用を刑事罰の対象とする。
電子出版の流通促進（平成27年1月より施行）	• CD-ROM等による出版やインターネット送信による電子出版にも出版権を設定。 • 記録媒体に記録された電磁的記録として複製する権利を含む。 • 記録媒体に記録された著作物の複製物を用いてインターネット送信を行う権利を含む。

表6.3 （続き）

改正項目	改正の概要・趣旨
写り込み・図書公文書管理の円滑化（平成25年1月より施行）	• いわゆる「写り込み」（付随対象著作物の利用）等に係る規定整備（背景に写った分離困難なキャラクターなどの利用，技術開発の試験に必要な利用，サーバ内などでサービス提供に必要となる利用を許容。） • 国立国会図書館による図書館資料の自動公衆送信等に係る規定の整備（入手困難な出版物を図書館に対してインターネット送信や利用者へ複製することを許容。） • 公文書等の管理に関する法律等に基づく利用に係る規定の整備（歴史公文書等の永久保存するための複製を許容。）
ディジタル暗号解除・違法ダウンロードの規制（平成25年1月より施行）	• 著作権等の技術的保護手段に係る規定の整備（私的使用でもDVDやBlu-rayの暗号解除による複製を違法化，暗号解除の装置やプログラムの譲渡等も3年以下の懲役か300万円以下の罰金刑） • 違法ダウンロードの刑事罰化に係る規定の整備（私的使用でも著作権を侵害した自動公衆送信と知りながらディジタル方式で保存すると2年以下の懲役か200万円以下の罰金刑）
インターネット活用の円滑化（平成22年1月より施行）	• インターネット情報の検索サービスを実施するための複製等に係る権利制限（検索エンジンによる情報収集，整理，結果表示を許容。） • 権利者不明の場合の利用の円滑化（過去テレビ番組の再放送にあたり著作権者が所在不明な場合は無断利用を許容。） • 国立国会図書館における所蔵資料の電子化（損傷・劣化資料の電子化保存を許容。） • インターネット販売等での美術品等の画像掲載に係る権利制限（ネット販売する商品の画像を載せることを許容。） • 情報解析研究のための複製等に係る権利制限（Web情報解析や映像解析など，情報解析を目的とする複製を許容。） • 送信の効率化等のための複製に係る権利制限（ミラーサーバ，キャッシュサーバ，バックアップサーバによる情報の複製を許容。） • 電子計算機利用時に必要な複製に係る権利制限（ブラウザのキャッシュなど技術的処理過程で必要な一時的蓄積を許容。）
違法な著作物の流通規制（平成22年1月より施行）	• 著作権等侵害品の頒布の申出の侵害化（海賊版販売を知りながら行うことを規制。） • 私的使用目的の複製に係る権利制限規定の範囲の見直し（違法ダウンロードを知りながら行うことを規制。）
障害者のための措置（平成22年1月より施行）	• 障害者のための著作物利用に係る権利制限の範囲の拡大（障害者のための著作物利用に発達障害者等も対象に。ディジタル録音図書や字幕・手話の付与など幅広い複製を許容。公共図書館や障害者のため情報提供事業者ならそれらが可能。）

表6.3　（続き）

改正項目	改正の概要・趣旨
映画の盗撮の防止に関する法律（平成19年8月より施行）	• 映画産業の関係事業者による映画の盗撮の防止（映画上映の事業者は盗撮防止のための措置を講ずるよう努める。） • 映画の盗撮に関する著作権法の特例（私的使用でも10年以下の懲役か1000万円以下の罰金刑。国内における最初の有料上映後8か月を経過した映画を除く。）
著作権侵害等に係る罰則強化（平成19年7月より施行）	• 著作権・出版権・著作隣接権の侵害（10年以下か1000万円以下） • 著作者人格権・実演家人格権の侵害（5年以下か500万円以下） • 著作権・出版権・著作権隣接権の侵害物品の輸入，頒布およびそのための所持，輸出およびそのための所持（5年以下か500万円以下） • プログラムの違法複製物を電子計算機において使用する行為（5年以下か500万円以下）
著作権侵害等に係る罰則強化（平成19年7月より施行）	• 営利目的による自動複製機器の供与（5年以下か500万円以下） • 死後の著作者・実演家人格権侵害（500万円以下） • 技術的保護手段回避装置・プログラムの供与（3年以下か300万円以下） • 営利目的による権利管理情報の改変等（3年以下か300万円以下） • 営利目的による還流防止対象レコードの頒布目的の輸入等（3年以下か300万円以下） • 著作者名詐称複製物の頒布（1年以下か100万円以下） • 出所明示義務違反（50万円以下）

（参考）　文化庁：最近の法改正等について，https://www.bunka.go.jp/seisaku/chosakuken/hokaisei/index.html を参照。

6.2.2　プライバシーの権利

　日本国憲法第13条（個人の尊重と公共の福祉）には，「すべて国民は，個人として尊重される。生命，自由及び幸福追求に対する国民の権利については，公共の福祉に反しない限り，立法その他の国政の上で，最大の尊重を必要とする。」とある。これを根拠として，プライバシーの権利である肖像権の保護が，判例として認められた経緯がある。

　一般的に，プライバシーの権利は，肖像，経歴，病歴，通話内容，私生活に関する事柄などを，無断で撮影，記録，公表するなどの行為から保護する権利であると考えらえる。また，肖像権は，人の容姿を写した写真や映像などを無断で利用されないこと，公表されないことを主張できる権利とされている。

　民法第709条（不法行為による損害賠償）には，「故意又は過失によって他人の権利又は法律上保護される利益を侵害した者は，これによって生じた損害を賠償する責任を負う。」とされており，プライバシーの侵害について民法によって賠償責任を問われることが十分あり得る。インターネット上での他人の容姿写真を公開したケースで，肖像権の侵害による精神的苦痛に対する損害賠償に至った事例もあり，プライバシーの侵害によって二次的に引き起こされる名誉棄損（刑法230条）や迷惑条例法違反などの法律違反に該当し逮捕されることもある。

　パブリシティ権は，有名人の肖像を財産価値として利用する権利であり，有名人の写真や画像には商業的価値があるため，商品の販売促進などの目的で，無断で利用，インターネット公開すると損害賠償の対象となる場合がある。

　インターネットでの情報発信は，SNSなどによって容易に実行でき，積極的な画像アップロードが行われるサイトも多い。さらに携帯端末によって簡単に写真を撮り，インターネットアクセスできる。このような技術環境において，人々との純粋なコミュニケーション目的で活用していても，プライバシーの侵害を犯してしまう危険性がないとはいい切れない。情報発信にはつねに気を配り，他人に関する情報であれば，本人に了承を得ることも安全のための手順である。

6.2.3　個人情報保護法

　個人情報保護法（個人情報の保護に関する法律）では，個人情報を取り扱う事業者の遵守すべき義務等を定めることにより，個人情報の有用性に配慮しつつ，個人の権利利益を保護することを目的としている。個人情報保護法（平成27年改）に関する用語定義や関連語を以下に説明し，個人に関する情報の構成を**図6.2**に示す。

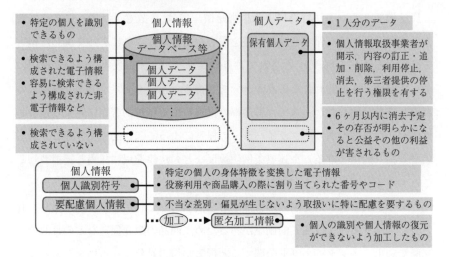

図 6.2 個人に関する情報の構成

〔1〕 **個人情報**

生存する個人に関する情報であり，氏名，生年月日その他の記述等（文書，図画，電子情報，声や動作などで表されたもの）により特定の個人を識別することができるものや，〔2〕に挙げる個人識別符号。また，他の情報と容易に照合でき，それにより特定の個人を識別できるものも含まれる。例えばメールアドレスの場合，アドレスに含まれるユーザ名とドメイン名から特定の個人を識別できる場合（例：kojin_ichiro@example.com），これはメールアドレス単独で個人情報に該当する。また，他の情報と容易に照合することで特定の個人を識別ができる場合，メールアドレスとあわせて全体として個人情報に該当することがある。

〔2〕 **個人識別符号**

個人情報のうち，つぎのいずれかで特定の個人を識別できる文字，番号，記号その他の符号。

- 特定の個人の身体特徴を変換した電子情報（DNA，顔認証情報など）。
- 役務（サービス）利用や商品購入の際に割り当てられたもので，カード，書類，電子情報で記載・記録されたもの（旅券（パスポート）番号，運転

免許証番号，個人番号（マイナンバー）など）。

〔3〕 **要配慮個人情報**

本人の人種，信条，社会的身分，病歴，犯罪の経歴，犯罪により害を被った事実など，その他本人に対する不当な差別，偏見などの不利益が生じないよう取扱いに特に配慮を要するもの。原則として本人の同意なしに取得はできない。

〔4〕 **個人情報データベース等**

個人情報を含む集合物であり，つぎのいずれかのもの。なお，不特定多数への販売目的で合法的に発行されたもの（市販の電話帳，カーナビに搭載された氏名，住所データなど）は，個人情報取扱事業者の義務を課されない。

- コンピュータを使って，個人情報を検索できるよう体系的に構成したもの（メールアドレス帳，ユーザID記載のログファイルなど）。
- コンピュータを使わなくても，個人情報を容易に検索できるよう体系的に構成（五十音順に整列するなど）したもの（一覧表，インデックス付きの書類，名刺，登録カードなど）。

〔5〕 **個人情報取扱事業者**

個人情報データベース等を事業活動に利用している者。例として企業，個人事業主，フリーランス，私立学校，医療機関，介護事業者，町内会，同窓会などが挙げられる。ただし以下は除かれ，それぞれに対応した法律等がある。

- 国の機関 … 行政機関の保有する個人情報の保護に関する法律。
- 独立行政法人 … 独立行政法人等の保有する個人情報の保護に関する法律。
- 地方公共団体 … 個人情報の保護に関する条例。

〔6〕 **個人データ**

個人情報データベース等を構成する個人情報。

〔7〕 **保有個人データ**

個人情報取扱事業者が，開示，内容の訂正・追加・削除，利用の停止，消去，第三者の提供の停止を行う権限を有する個人データ。ただし以下の① ②を除く。

① 6ヶ月以内に消去することとなるもの。

② その存否が明らかになることにより公益その他の利益が害されるものとして，つぎの（ア）〜（エ）に該当するもの。

（ア）本人や第三者の生命・身体・財産への危害のおそれのあるもの（家庭内暴力，児童虐待の加害者・被害者などの個人データ）。

（イ）違法・不当な行為の助長・誘発のおそれのあるもの（不当要求などを行った反社会勢力や不審者，悪質クレーマーなどの個人データ）。

（ウ）国の安全への害のおそれのあるもの（防衛・警備上のものや要人の予定等の個人データ）。

（エ）犯罪の予防・鎮圧・捜査や公共の安全・秩序の維持への支障のおそれのあるもの（捜査関係上などの個人データ）。

《コラム》

　保有個人データの例外設定の目的として，開示請求に応じることで問題が生ずる場合の対策などが挙げられる。上記（ア）の児童虐待の場合では，子供の個人データは本人以外でも親権者が法定代理人として開示請求ができる。例えば，子供の親権者が虐待を行った親権者に内密に相談機関に相談している場合，虐待を行った親権者からの探索的な開示請求によって相談事実の存否が明かされ，紛争や虐待の悪化が生じるおそれが考えられる。また，避難した子供の転居先を調べるために，親権者の立場を利用して子供の個人データを開示請求する場合も考えられる。

〔8〕 **匿名加工情報**

　個人情報を加工して個人の識別や個人情報の復元ができないようにしたもの。匿名化は個人情報の中で氏名，生年月日，個人識別符号などや他の情報と連結（紐付け）するコード（ID）などに対し，個人の識別ができないように削除・置換・一般化する処理である（**図6.3**）。匿名加工情報は本人の同意なしに第三者へ提供でき，IoTやビッグデータなどで個人に関するデータの利活用がしやすくなる。匿名加工情報を取り扱う者を**匿名加工情報取扱事業者**という。

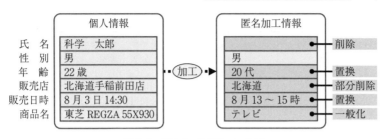

図6.3 匿名加工情報の加工例

〔9〕 第三者提供

　個人情報取扱事業者は，原則として事前に本人の同意なしに個人データを第三者に提供してはならず，第三者の氏名（名称）や個人情報保護委員会規則が定める事項の記録を作成する義務がある。それにより，提供元と提供先がだれで提供した個人データ項目は何かといった詳細な記録が残ることで，情報の**トレーサビリティ**（追跡可能性）が確保される。なお，以下は第三者には該当しない。

* 取扱いを委託する際に個人データが提供される場合。

* 合併などの事業承継に伴って個人データが提供される場合。

* 特定の者と共同利用する際に個人データが提供される場合（本人通知が必要）。

〔10〕 **個人情報データベース提供罪**

　個人情報取扱事業者や従業者または従事していた者が，不正な利益を図る目的で個人情報データベース等を提供または盗用した場合，刑事罰として1年以下の懲役または50万円以下の罰金に処される。同時に，行為者が所属する法人も50万円以下の罰金刑が課せられる（第83条）。

　本法律には，個人の権利利益が保護され，不正な取り扱いなどが起きないよう規則が設けられており，個人情報（匿名加工情報）取扱事業者には，**表6.4**に示す義務が課せられている（第15条〜第39条）。また，わが国の行政機関である個人情報保護委員会は，個人情報（匿名加工情報）取扱事業者に対し，報告，資料提出を求め，立入検査，勧告，命令などが行使できる。もしもこれ

表6.4　個人情報（匿名加工情報）取扱事業者の義務

取り扱う情報			義務・禁止事項
個人情報			• 利用目的の特定・公表・通知 • 適正な取得 • 公表・通知した利用目的範囲を超えた利用の禁止 • 本人同意を得ない利用目的範囲を超えた利用の禁止
	個人データ （個人情報データベース等）		• 正確性の確保と利用後の消去 • 安全管理措置 • 従業者・委託先の監督 • 本人同意を得ない第三者提供の禁止 • 第三者提供時の互いの相手名などの記録作成
		保有個人データ	• 保有個人データに関する事項の公表 • 本人からの利用目的の通知要求への対応 • 本人からの開示請求への対応 • 本人からの訂正請求への対応（情報が事実でない場合） • 本人からの利用停止請求への対応（違反した取得・取扱いの場合）
	要配慮個人情報		• 本人同意を得ない情報取得の禁止 • 本人同意を得ない第三者提供（オプトアウト）の禁止
匿名加工情報			• 第三者提供時の情報項目と提供方法の公表 • 第三者提供時の匿名加工情報であることの明示 • 適正な取り扱い措置
	匿名加工情報作成者 による取り扱い		• 適切な加工 • 加工方法の安全管理措置 • 情報項目の公表
	匿名加工情報取扱事業者 による取り扱い		• 個人識別行為の禁止 • 加工方法に関する情報取得の禁止 • 安全管理措置

らに応じない場合や虚偽の報告などによる違反者がいた場合，懲役や罰金に処せられる（第84条～第88条）。

6.2.4　不正アクセス禁止法

　不正アクセス禁止法（不正アクセス行為の禁止等に関する法律）は，情報通信における不正なアクセス行為とそれを助長する行為などを規制する法律である。この法律で規制される行為について，以下で簡単に説明する。

　〔1〕　**不正アクセス行為**　　電気通信回線（インターネット，LAN）を通じて，アクセス制限のかけられたコンピュータに対し，他人の「識別符号」を用

いてアクセス可能にする行為を指す。

〔2〕　**不正アクセス助長行為**　　他人の「識別符号」を，その利用権者（所有者）およびその管理者以外の者に提供する行為を指す。

〔3〕　**他人の識別符号を不正に取得・保管する行為**　　不正アクセス行為の目的で，他人の「識別符号」を取得/保管する行為を指す。

〔4〕　**識別符号の入力を不正に要求する行為**　　システム管理者へのなりすましや，フィッシング攻撃（Web，メール）などにより，「識別符号」を利用権者に入力させる行為を指す。

〔5〕　**識 別 符 号**　　識別符号とは，コンピュータ機器やサービスをアクセス可能にするために入力するIDやパスワード，生体認証情報（指紋）などである。

　このうち，不正アクセス行為を行うと，3年以下の懲役か100万円以下の罰金，それ以外の行為を行うと，1年以下の懲役か50万円以下の罰金となる。これらは，フィッシング攻撃などのサイバー犯罪の対策のため，2012（平成24）年5月より新たな改正内容が施行され，不正な行為の対象範囲（**図6.4**）を広げ，罰則が強められたものである。さらに，情報セキュリティ関連事業者

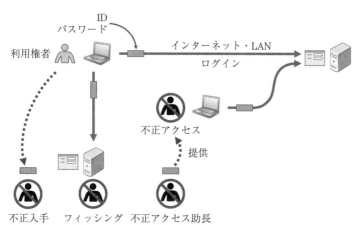

図6.4　不正アクセス禁止法の適用範囲

団体（国家公安委員会，情報処理推進機構など）に対し，具体的な手口などの情報提供や援助を行うことが努力義務として加えられ，不正アクセスの再発防止のための対策が講じられている。

また，ほかにも「不正競争防止法」，「電気通信事業法」，「電波法」，「有線電気通信法」，「刑法（不正指令電磁的記録に関する罪，電子計算機損壊等業務妨害罪，電子計算機使用詐欺罪，電磁的記録毀棄罪）」など，不正アクセスに関連する行為を規制する法律がある。

（参考）　総務省：不正アクセス行為の禁止等に関する法律，https://www.soumu.go.jp/main_sosiki/joho_tsusin/security/basic/legal/09.html を参照。

6.2.5　不正指令電磁的記録に関する罪

不正指令電磁的記録に関する罪（いわゆるコンピュータウイルスに関する罪）は**ウイルス作成罪**とも呼ばれており，コンピュータウイルス等の作成・提供・取得・保管行為に関する犯罪（刑法第 168 条）である。

この犯罪の対象となる物は，使用者の意図に沿った動作をさせず，またはその意図に反する動作をさせる不正な指令を与える電磁的記録（不正指令電磁的記録，以下ウイルス）である。例えば，使用者が知らないうちに勝手に大切なファイルを削除する動作を行うマルウェアなどが該当する。また，罪に問われるのは，正当な理由がなく，使用者がウイルスであると知らずに実行できる状態にすることを目的とする場合である。つまり，悪意を持って犯罪目的などでウイルスを使用することが罪に問われるものである。ゆえに，ウイルス対策ソフトウェアを開発する企業が研究開発の目的でウイルスを作成しても罪にはならず，また，メールなどに添付されていたウイルスを，ウイルス対策機関に報告するために転送しても罪にはならない。

図 6.5 は，この犯罪を対象となる行為別に示したものであり，ウイルス作成・提供・供用罪に対しては，3 年以下の懲役または 50 万円以下の罰金が課せられる。また，ウイルス取得・保管罪に対しては，2 年以下の懲役または 30 万円以下の罰金が課せられる。なお，作成・提供罪および取得・保管罪に関し

図6.5 不正指令電磁的記録に関する罪

ては，ウイルスのソースコードやそれを紙に印刷したものも罪の対象となる。また，供用罪に関しては，実行のための変換処理（コンパイル）を要するソースコード状態のウイルスは罪の対象とならず，ダウンロードやメール添付によって，いつでもすぐに実行可能な状態のウイルスが対象となる。

6.2.6 特定電子メール法

迷惑メール（**スパムメール**とも呼ばれる）は，広告，架空請求，クリック詐欺，フィッシング詐欺，ウイルス感染など，利用者が望んでいないのに勝手に送信されてくるメールである。

メール内のリンクから Web アクセスしたり，メールに返信したりすると，相手の用意した攻撃の対象とされ，なんらかの被害を受けることもある。不正なメールは送信者が偽装されている「なりすまし」メールであることが多い。迷惑メールへの対策として，つぎの法律がある。

特定電子メール法（特定電子メールの送信の適正化等に関する法律）

広告宣伝メールを送るにあたり，つぎのように規制されており，利用者が望んでいないメールの送信を行う者へは改善命令や罰則が適用される。

- 「特定電子メールの送信の制限（オプトイン規制）」（3条1項）により，

原則として受信者の事前承諾が必要。

- オプトイン方式は，事前に Web 上などで「メールを受け取ることを希望する」などの選択を行った合意済み利用者のみにメールを送信する。
- 「表示義務」（4条）により，送信者氏名などの定められた事項の表示が必要。
- 「送信者情報を偽った送信の禁止」（5条）により，送信者アドレスを偽るのは禁止（なりすましは即罰則対象）。
- 「架空電子メールアドレスによる送信の禁止」（6条）により，多数の電子メールアドレスを自動的に作成して送ることは禁止。
- 違反者へは総務大臣および消費者庁長官による改善措置命令を受け，その命令に従わなければ，罰則（1年以下の懲役または100万円以下の罰金，所属する法人（企業）へはさらに3000万円以下の罰金）が適用される。

6.2.7　マイナンバー制度

マイナンバー制度は，住民票を有する人に**マイナンバー**（個人番号）を個別に付与することで，社会保障，税，災害対策において効率的に情報管理し，複数の機関が保有する個人の情報が同一人物のものであることを確認するために活用する制度である。本制度は**マイナンバー法**（行政手続における特定の個人を識別するための番号の利用等に関する法律）に基づいて導入され，公平・公正な社会の実現，行政の効率化，国民の利便性の向上を目的としている。

マイナンバーは12桁の番号であり，個人情報保護法における個人識別符号であると同時にマイナンバー法における特定個人情報に該当する。一般に個人情報の場合，その利用目的に制限はないが，特定個人情報の利用目的は税・社会保障・災害対策に限定されている。また，個人データは本人の同意が得られれば第三者提供できるが，特定個人情報の第三者提供は限定的に明記（第19条各号に規定）された場合を除き提供できない。マイナンバーは行政機関の各種手続等での使用や便利な活用ができ，つぎのようなものに記載されている。

- **個人番号通知書** … 住民票の住所宛てに送付され，マイナンバーの番号確認に利用できる（身分証明には使えない）。

- **マイナンバーカード**（個人番号カード）… 希望者が交付申請して入手する IC カード形式であり，自動車免許のように写真入りで身分証明にもなる。犯罪による収益の移転防止に関する法律（犯罪収益移転防止法，犯収法，平成 28 年改正）では，マイナンバーカード 1 点で本人確認書類として金融機関などで提示できる。IC カード機能の利点として，市区町村が発行する証明書（住民票の写し，印鑑登録証明書等）を全国のコンビニエンスストア（コピー機等でのセルフサービス）で取得できる。また **e-Tax**（国税電子申告・納税システム）では，自宅から容易に Web による確定申告（電子納税）ができる。
- **住民票**（個人番号記載入り）… 住民票の発行時に個人番号を記載指示することで，マイナンバーの番号確認ができる書類となる。

6.3　情報にかかわる事例

6.3.1　著 作 権 侵 害

著作権の侵害に対しては，民事訴訟によって，著作権法その他に照らし合わせて裁判が行われる。以下に知的財産裁判例の概要を挙げる。

【著作権侵害　事例 1】

> 音楽著作物を無断でレンタルサーバに保存し，携帯電話でインターネットを利用する不特定多数に対し「着うた」配信サービスを提供し，それらをダウンロードできるようにした。

これは，著作権（複製権および公衆送信権）を侵害する行為に該当し，損害賠償の責任を負うこととなった。以下のような判断によるものである。

［裁判における判断］

- 著作権物の「複製」（著作権法 2 条 1 項 15 号「印刷，写真，複写，録音，録画その他の方法により有形的に再製すること」）に該当。

- 「自動公衆送信」(同9号の4「公衆送信のうち，公衆からの求めに応じ自動的に行うもの」) に該当。
- 「送信可能化」(同9号の5「自動公衆送信し得るようにすること」) に該当。
- したがって，著作物の「複製権」の専有 (同21条)，「公衆送信権等」の専有 (同23条) に対する侵害行為に該当。
- 「不法行為」(民法709条「法律上保護される利益を侵害した者は，これによって生じた損害を賠償する責任を負う」) に該当。
- 損害賠償額は「損害の額の推定等」(著作権法104条4項) に基づく。

【著作権侵害　事例2】

> インターネット上のブログで，自分の投稿内容を他人が許可なく転載し，誹謗中傷した。それによって名誉感情と著作権が侵害されたので，その投稿者に対する損害賠償請求のため，プロバイダに対し発信者情報の開示を求めた。

　本人が主張するように著作権の侵害に該当するため，投稿の発信者情報の開示請求が認められた。

　この事例は，投稿者に損害賠償請求するために，ブログにおける個人特定情報についてプロバイダ側へ開示を求める目的であり，プロバイダ責任制限法 (特定電気通信役務提供者の損害賠償責任の制限及び発信者情報の開示に関する法律) の適用および著作権侵害等への賠償請求の2段階の訴えといえる。プロバイダ責任制限法では，つぎの場合にプロバイダに対し発信者情報の開示請求ができる。

- 侵害情報の流通によって権利が侵害されたことが明らかである。
- 発信者情報が損害賠償請求権行使に必要あるいは正当な理由がある。

[**裁判における判断**]

- ブログでの転載内容には思想や感情の創作的表現が認められ「言語の著作物」(著作権法10条1項1号) に該当する。

- 転載された部分の分量に対して，引用の必要性は認められず，適法な「引用」（同 32 条 1 項「引用の目的上正当な範囲内で行なわれなければならない」）に該当しない。よって著作権侵害にあたる。
- 本人の写真掲載と誹謗中傷は，名誉感情の侵害が認められる。
- したがって，プロバイダ責任制限法（4 条 1 項）に基づき，発信者情報の開示を受けるべき正当な理由があると認められる。

6.3.2　個人情報漏えい

　個人情報の漏えい事件はあとを絶たず，内部関係者や業務関係者などの故意や過失による漏えいや，さらに不正な第三者提供を経て拡散するなど，個人情報が流出するケースが多々ある。

【個人情報漏えい　事例 1】

> 通信教育事業関連の企業において顧客の個人情報が流出し，別の企業からダイレクトメールが届くようになった。システム開発業務委託先元社員によって，顧客情報約 3 500 万件が名簿事業者へ売却されていた。

　これは，大規模な顧客情報流出事件であり，個人情報保護法が適用された事例でもある。経済産業大臣は，同法律における「個人情報の安全管理措置義務」違反と，「委託先の管理監督義務」違反にあたるとし，再発防止を徹底するよう勧告した。

　当該企業は，ホームページ等で，事故の経緯，再発防止体制，被害者補償金用意などを表明している。また，情報漏えい行為を行った者は，不正競争防止法で逮捕された。

［情報漏えい内容］

- 情報件数は約 3 500 万件（実態として推計約 2 800 万件）。
- 情報内容は，サービス登録者の名前，性別，生年月日，郵便番号，住所，電話番号，出産予定日，メールアドレス等。

- 個人情報は名簿業者3社へ売却されて，そこから広がっていると見られる。

[**当該企業の対応**]

- 個人情報漏えい被害者へ補償金を用意。
- 漏えいした個人情報を利用する35社の事業者に対して，情報の削除を求めるなど利用停止を働きかけた。

[**警視庁の対応**]

- 顧客データベース管理を委託された外部会社のシステムエンジニアを，不正競争防止法違反（営業秘密の使用・複製）の疑いで逮捕。
- これにより，不正競争防止法における「営業秘密の複製」（第21条1項3号ロ）および「営業秘密の開示」（同4号）の罪状に問われる刑事訴訟が行われ，実刑判決となった。

[**経済産業省の対応**]

- 当該企業に対し，「報告の徴収」（個人情報保護法32条「個人情報取扱事業者に対し，個人情報の取り扱いに関し報告をさせることができる」）を要請。
- 当該企業に対し，規定違反と認め，「勧告及び命令」（同34条1項「当該個人情報取扱事業者に対し，当該違反行為の中止その他違反を是正するために必要な措置をとるべき旨を勧告することができる」）により，個人情報の漏えいの再発防止を徹底。
- 規定違反行為は，「安全管理措置」（同20条「個人データの漏えい，滅失又はき損の防止その他の個人データの安全管理のために必要かつ適切な措置を講じなければならない」）の義務違反，および，「委託先の監督」（同22条「取扱いを委託された個人データの安全管理が図られるよう，委託を受けた者に対する必要かつ適切な監督を行わなければならない」）の義務違反である。

《コラム》

　本件の個人情報漏えい件数は3 504万件と公表されており，当該企業が被害を受けた個人に対して行った補償内容として，1人500円相当の金券が贈られた。この額は個人情報漏えいのお詫びとしては相場であるが，当該企業にとっては約200億円の損失となり，社会的信用も失墜した。被害を受けた個人約450人による集団民事訴訟が提起され，委託先企業に対し総額約3 500万円の慰謝料が請求されたが，判決では情報漏洩による精神的苦痛には1人3 000円の慰謝料が相当であるとして，総額約150万円の賠償が命じられた。一方，情報漏えいを行った委託先企業のSEを被告とする刑事訴訟では，当該企業はその被害者でもあり，被告に対する最終判決として懲役2年6ヶ月および罰金300万円の実刑判決が言い渡された。

　個人へ支払われた金額を見ると，個人情報漏えいによって被害を受けた個人へは500円が支払われ，民事訴訟を起こしても3 000円程度の少ない賠償というのが現実である。個人情報の管理責任がある当該企業は，個人への補償やセキュリティ対策など合わせて260億円の損失と長期的な営業損益の赤字となり，個人情報漏えいの重大さを痛感する事件であった。このケースで問題視されたのが，個人情報保護法では個人情報の不正提供者に対する刑事罰がないことであった。結局，不正競争防止法違反（営業秘密の複製，開示）が罪状として認められたが，営業秘密に該当しない個人情報の漏えいは罪に問えないことが露呈した。これを受け，個人情報保護法は平成27年に改正され，「第三者からの適正取得」，「社内の安全管理措置」，「委託先の監督」などの強化徹底とともに「個人情報データベース提供罪」における刑事罰が新設され，安全体制と法的抑止力が強化された。

【個人情報漏えい　事例2】

住民基本台帳のデータを使用するシステム開発業務を委託した業者の従業員が，データを不正コピーして名簿販売業者に販売し，さらに転売されるなど，個人情報が流出した。

　流出した個人情報は私生活上の事柄を含んでおり，プライバシー権の侵害として精神的苦痛に対する慰謝料請求が認められた。

　なお，名簿販売業者などによる第三者提供では，「第三者提供の制限」（個人情報保護法23条2項）により，オプトアウトの要件（第三者提供すること

データ項目や提供手段の事前通知，求めに応じた提供停止）を満たせば，本人の同意なしの第三者提供が認められており，名簿販売そのものは違法ではない。

［裁判における判断］

- 個人情報のうち，氏名，性別，生年月日，住所は，社会生活上かかわりのある者には既知の情報であるが，さらに転入日，世帯主名，世帯主との続柄，家族構成など，一般的に公開されたくない私生活上の事柄を含むので，これらの情報はプライバシーに属する情報であり，権利として保証されるべきである。

- これらが流出し，名簿販売業者へ販売され，さらには不特定の者への販売の広告がインターネット上に掲載されたことは，権利の侵害にあたる。

- それにより，被害者に不安感を生じさせたことは，精神的苦痛を与えたといえる。

- 「公務員の不法行為と賠償責任」（国家賠償法1条「公務員が，その職務を行うについて，故意又は過失によって違法に他人に損害を加えたときは，国又は公共団体が，これを賠償する責に任ずる」）または，「使用者等の責任」（民法715条「他人を使用する者は，被用者がその事業の執行について第三者に加えた損害を賠償する責任を負う」）に基づき，損害賠償金（慰謝料および弁護士費用）を支払うものとする。

6.3.3　不正アクセス

不正アクセスは，情報倫理に反する悪質な犯罪行為であり，不正アクセス禁止法によって規制されており，近年では，フィッシングや，他人のIDなどの不正取得なども処罰対象になった。

不正アクセスは，他人になりすましたシステム操作，情報の盗用，オンラインゲームの不正操作，インターネットバンキングの不正送金，情報の改ざんや破壊，ウイルスなどを仕掛けるといった，二次的な不正行為に発展するタイプのサイバー犯罪である。それらの不正行為の多くは，つぎのような法律により，損害賠償や罰則が適用されることとなる。

- 不正アクセス禁止法　他人の識別符号の不正取得やそれによる不正アクセス
- 不正競争防止法　営業秘密やノウハウなどの盗用
- 著作権法　著作物の複製
- 不正指令電磁的記録に関する罪（刑法 168 条の 2, 3）　ウイルスの作成・提供
- 電子計算機損壊等業務妨害罪（刑法 234 条の 2）　コンピュータ業務の妨害
- 電子計算機使用詐欺罪（刑法 246 条の 2）　情報を改変し利益を得る行為
- 電磁的記録毀棄罪（刑法 258 条・259 条）　公的機関の文書破壊

　以下，警察庁：サイバー犯罪対策統計，http://www.npa.go.jp/cyber/statics/index.html を参照されたい。

【不正アクセス　事例 1】

> パソコンに保存されていた他人の ID・パスワードを使用してインターネットバンキングに不正アクセスを行い，現金を不正送金した。

- 通信販売業者が，修理を頼まれたパソコンに保存されていた他人のインターネットバンキングの ID・パスワードを使用して不正アクセスを行い，自己名義の銀行口座に不正送金し，不正アクセス禁止法違反および電子計算機使用詐欺で検挙。

【不正アクセス　事例 2】

> 他人の ID からそのパスワードを類推して SNS サイトにアクセスした。

- 派遣社員が，他人の ID からそのパスワードを類推して SNS サイトに不正アクセスを行い，女性会員になりすましてメッセージを送信し，不正アクセス禁止法違反で検挙。

【不正アクセス　事例 3】

> 言葉巧みに聞き出した ID・パスワードを使用して，会社の顧客情報システムに不正アクセスを行った。

- 会社員が，言葉巧みに聞き出した元同僚の ID・パスワードを使用して，以前に勤務していた会社の顧客情報システムに不正アクセスを行い，氏名，住所，注文内容等の顧客情報を入手した上，それを用いて顧客と契約し，不正アクセス禁止法違反で検挙。

【不正アクセス　事例 4】

> サーバのセキュリティホールを攻撃して不正アクセスを行い，記録されていた複数の ID・パスワードを入手するとともに，これらをインターネット上の掲示板に投稿して他人に提供した。

- 無料ホームページサービスを提供するサーバのセキュリティホールを攻撃して不正アクセスし，同サーバ内に記録されていた複数の会員の ID・パスワードを不正に入手した上で，これらをハッカー仲間らが使用する掲示板上に投稿して他人に提供し，不正アクセス禁止法違反で検挙。

【不正アクセス　事例 5】

> 他人が契約した無線 LAN を無断利用してインターネットに接続し，他人になりすましてメールサーバに不正アクセスした。

- 通学路付近の複数の無線 LAN 電波を無断利用してインターネットに接続の上，メールアカウント用の ID・パスワードを使用してメールサーバに不正アクセスした上で，嫌がらせメールを送信し，不正アクセス禁止法違反等で検挙。

【不正アクセス　事例 6】

> ブログ管理者を装い，パスワードを返信するよう利用者にメールを送り，パスワードを不正に取得した。

- 会社員が，ブログサイトの管理者を装い，ブログサイトのパスワードを入力して返信するよう求める電子メールを利用者の携帯電話に送り，パスワードを返信させて識別符号を不正取得し，不正アクセス禁止法違反で検挙。

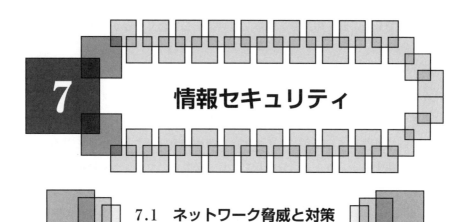

7 情報セキュリティ

7.1 ネットワーク脅威と対策

7.1.1 情報セキュリティと脅威

　情報セキュリティとは，あらゆる脅威から情報システムやデータなどの資産を守り，以下に挙げるシステムの機密性，完全性，可用性のすべてを維持することである。

- **機密性**（confidentiality）

　許可された者だけが情報にアクセスできること。

- **完全性**（integrity）

　情報が改ざんや削除などされずに正確であること。

- **可用性**（availability）

　システムが停止せず，許可された利用者が必要なときにアクセスできること。

　情報セキュリティを脅かす脅威は，**表7.1**のように分類される。情報社会において，企業では，これらのすべての脅威に対する対策が重視されており，

表7.1　脅威の分類

	意図的	偶発的
人	ウイルス，侵入，破壊，改ざん，漏えい，盗難，停止，踏み台，なりすまし	ヒューマンエラー，操作ミス，入力ミス
システム	故障，バグ，停電，通信障害	
自然	地震，台風，洪水，落雷，火災	

個人利用でも，これらの影響を理解し，対策をしておくことが望ましい。

7.1.2　コンピュータウイルス

　ウイルスは，例として**図7.1**のように，コンピュータ内のプログラムなどに感染する。ウイルス自身もプログラムであり，感染したマシンが稼働することによって動作してしまう。ウイルスは，巧妙な手段によって感染を試みる。感染に成功すると，さらに自分自身をコピーして他のマシンへも感染する。

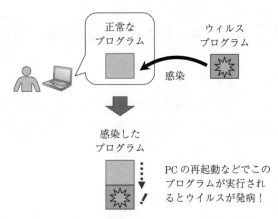

図7.1　ウイルスのオーソドックスな動作スタイル

　このようにウイルスの特性としては，外部からの「感染」，一定条件が揃うまで待機する「潜伏」，破壊や情報漏えいなどの活動を始める「発病」などがあり，ウイルスは，利用者の意思に関係なく自立的に機能するものである。

　ウイルスにはさまざまなタイプがあり，それ以外にも不正な活動を行うプログラムがいくつかある。それらは，**マルウェア**（malware，悪意のあるソフトウェア，広義のウイルス）と呼ばれ，人が悪意を持って作成したものである。

　マルウェアは利用者の知らないところでさまざまな有害行為を行うプログラムであり，コンピュータ利用においては，ウイルス対策ソフトウェアなどを導入してマルウェアから自分たちを守ることが重要となる。**表7.2**におもなマルウェアの種類を挙げる。

表7.2 おもなマルウェアの種類

種　類	特　徴
ウイルス	自分自身を複製して他のプログラムに組み込む（感染）。その後，なんらかの条件がそろうまで活動せず（潜伏），一定の時期や，感染したプログラムを実行させるときに，ウイルスが活動（発病）する。
マクロウイルス	Word, Excel などのマクロ（プログラム）機能に仕組まれて，文書交換や添付メールによって，コンピュータに侵入しウイルス活動するもの。メールからの感染力が高いウイルスといえる。
ワーム	自分自身を複製して他のコンピュータに送る（自己増殖）。ワームが活動すると，利用者の操作を妨害し，コンピュータの処理能力を占有して負荷をかける。
トロイの木馬	インターネット上などにあり，一見，有益なツールに見せかけて，利用者がダウンロードして実行すると，裏で活動を開始する。活動内容は，個人情報の盗取や，不正アクセスのためのバックドアを仕掛けるなど。
バックドア	ネットワーク上のコンピュータに対し，通常のアクセス手段とは別の，不正アクセスやリモート操作のための「裏口」となるような侵入路のこと。
キーロガー	利用者のキー入力を感知し，入力内容を記録する。利用者のコンピュータ上の行動を調べたり，パスワードなどの秘密情報を盗取したりする。
ロジックボム	論理爆弾ともいわれ，時限爆弾のように特定の日時の到来など，一定の条件（ロジック）がそろうと，動作を開始して破壊や盗取の活動を行い，自分自身を消滅（自爆）させる。
スパイウェア	コンピュータ内情報や利用者の行動を外部に送信する。キーロガーやアドウェアも含まれ，コンピュータ内のファイル送信，ブラウザのハイジャックによる強制 Web アクセス，広告の送信，偽りの警告送信やインストールの誘導などで利用者を欺く。
アドウェア	おもに広告目的のソフトウェア。必ずしも悪意の行為を行うものではないが，中には情報漏えいなどを目的とするものもある。
ボット	検索用のボットなどは悪意の行為を行うものではないが，人手に代わって，バックドアから侵入してコンピュータをコントロールするもの，スパムメールを送信したり，特定のコンピュータを一斉攻撃（DDoS 攻撃）したりするような悪意のボットもある。
ランサムウェア	身代金要求型不正プログラムとも呼ばれ，感染すると PC の操作ロックやファイルの暗号化で使用不能にし，その解除のために身代金を要求する。
フェイクアラート（偽警告）	Web 閲覧時に「システムがウイルスに感染しています」などのメッセージが突然表示され，修復ツール（ウイルス入り）のダウンロードを促す。

表7.2　（続き）

種　類	特　徴
RAT（Remote Access／Administration Tool）	これに感染すると PC が遠隔操作され，情報の収集や改ざんなどが管理者権限で自由に行われる。見えないところで活動することからネズミ（rat）にたとえられることもある。

ウイルスなどは，システムの機能や脆弱性，人の行動をも利用して感染を広げ，非常に多くの人々に害を与える。中にはマシンの脆弱性を利用して LAN 経由で直接感染するケースもある。

図7.2にウイルスなどの感染経路例を示す。以下に，これまで猛威をふるった有名なウイルスをいくつか挙げる。

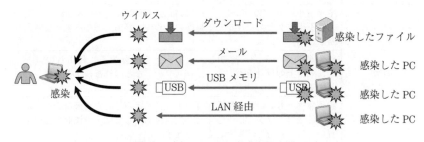

図7.2　ウイルスなどの感染経路例

- **ミケランジェロ**（Michelangero）

  ハードディスクのブートセクターに感染するウイルス。ミケランジェロの誕生日である3月6日にマシンを立ち上げると，そのシステムを初期化する。

- **メリッサ**（Melissa）

  Word のファイルに感染するウイルス。感染した文書ファイルを読み込むと Word に感染する。その Word で作成した文書ファイルにも感染する。また，感染すると Word のマクロウイルスを自動検出する機能をオフに設定する。

- **ラブレター**（LOVELETTER）

  メールを介して広がるウイルス。添付ファイルの LOVE-LETTER-FOR-

YOU.TXT.vbs というファイルを実行すると，再起動時に自分が実行される
ようにし，アドレス帳の登録メールアドレスすべてに自分を添付して送信
する。

- **コードレッド**（CodeRed）
  マイクロソフト社の Internet Information Server（IIS）の脆弱性を利用して
  感染を広げるウイルス。感染すると，Web の改ざんや，アメリカのホワイ
  トハウスのサーバに対する大量データ送信による攻撃を行う。

- **エムエスブラスター**（MSBlaster）
  バッファオーバーラン攻撃により Windows マシンに感染するワーム。感
  染するとマシンを起動するたびにワームが実行され，自己増殖していく。
  毎月 16 日以降に発病し，発病したマシンは「Windows Update」サイトに
  DoS（サービス妨害）攻撃を仕掛ける。

- **ニムダ**（Nimda）
  セキュリティホールを悪用したウイルス。サーバに感染すると，Web を改
  ざんする。Internet Explorer で改ざんされた Web を見るとウイルスに感
  染する。PC に感染すると，アドレス帳に登録されているアドレスに，
  readme.exe という添付ファイルのメールを送信する。そのウイルスメー
  ルを受け取ると，メールを開いただけで感染する。

- **スタックスネット**（Stuxnet）
  USB メモリ等から感染するウイルス。感染すると，マシン起動時に自分が
  実行されるようにシステムを改変し，アクセス可能な記憶媒体に自分自身
  をコピーして感染を拡大する。USB メモリ内をエクスプローラで表示した
  だけで感染する機能を有する。

（参考） IPA（独立行政法人 情報処理推進機構）：IPA に届けられたウイルス，
https://www.ipa.go.jp/security/virus/virus_main.html を参照。

マルウェアの被害に遭わないために，つぎのような事柄を参考にするとよい。

- ウイルス対策ソフトウェアをインストールしておく。
- ウイルス対策ソフトウェアにおいて，毎日，パターンファイル（ウイルスのワクチンとなるデータ）を更新するように設定する。
- インターネット上からのファイルのダウンロードでは，Webサイトの安全性をできるだけ確認する。サイトの名称やURLで検索し，どのようなサイトなのか調べて参考にする。
- ダウンロードしたファイル，電子メールの添付ファイル，他人から渡ってきたUSBメモリなどは，なるべくウイルス対策ソフトウェアなどでウイルススキャンする。
- コンピュータのファイアウォール機能を有効にしておく。
- プロバイダの電子メール機能にウイルスチェック機能があれば活用する。
- 電子メールソフトにおいて，受信したHTMLメールに含まれる画像を表示しないように，また，JavaScriptを実行しないように設定する。
- 怪しいと思われる電子メールの添付ファイルは開かない。
- 怪しいと思われるWebサイトは閲覧しない。
- 怪しいと思われるWebサイト閲覧によって表示される警告や広告に惑わされない。誘導されて「OK」ボタンなどを押さない。
- Webブラウザが，つぎつぎと自動的にウィンドウを開き出したり，おかしな挙動をしたりして，止まらないような場合は，タスクマネージャでWebブラウザのプロセスを終了させる。
- もしも，ウイルスに感染，発病したように感じる場合は，まずLANケーブルを抜いて拡散を防ぐ。つぎに，管理者へ相談するか，別のPCで，PCメーカーや，ウイルス対策ソフトウェアメーカーのサイトなどで，ウイルス被害や対応策などの情報収集を試みる。PCを再起動してしまうと，ウイルスが活動を始めるケースがある。

7.1.3 攻 撃 手 法

ネットワーク社会では，マルウェアをはじめとして，悪意を持った者による攻撃が存在し，それらは巧妙に仕掛けられ，人々を脅かす人為的な情報セキュリティ脅威である。以下に，いくつかの攻撃手法の例を挙げる。

〔1〕 **トロイの木馬**（**図7.3**）　ギリシャ神話に出てくるトロイア攻略のために兵を忍ばせた巨大な木馬に由来する。一見，役に立ちそうなソフトウェアツールであるが，ダウンロードして実行するとマルウェアとして機能する。機能として，ウイルス，個人情報漏えい，バックドアなどが考えられる。この種のものは，利用者のマシン内で直接プログラムとして実行できるので，攻撃の汎用性が高い。対策としては，ウイルス対策ソフトでチェックすることが挙げられる。

図7.3 トロイの木馬

〔2〕 **バックドア**（**図7.4**）　攻撃者がシステムに侵入に成功すると，以後，継続的に侵入するために，ログインなどのセキュリティ関門を通らずに，侵入できる裏口を仕掛けておく。また，企業の元従業員などが，在職中に裏口を仕掛けておき，後に不正侵入を働くのに利用する。対策としては，ファイアウォールや **IDS**（Intrusion Detection System：侵入検知システム），ログの監

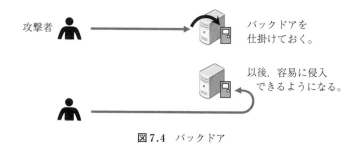

図7.4 バックドア

視などによる侵入防御や侵入検知の強化が挙げられる。

〔3〕**DoS**（**図7.5**）　　**DoS**（Denial of Services）は，サービス拒否攻撃とも呼ばれ，稼働中のシステムのサービスを正常に提供できなくする攻撃を指す。Webサーバなどに大量のアクセスを行うなど，高負荷をかけることで，事実上，サービス停止状態になる。対策としては，IDSやファイアウォールの強化により，攻撃パケットを破棄するなどが挙げられる。

応答しなくなる。

攻撃者

DoS攻撃でサーバに大きな負荷をかける。

図7.5　DoS

〔4〕**DDoS**（**図7.6**）　　**DDoS**（Distributed Denial of Services）は，DoS攻撃を複数の場所から分散して行うことでサーバに過剰な負荷をかける。一つひとつの攻撃は，正常なアクセスと区別がつきにくく，排除が難しい。それらが分散して多発的に起きることで，高トラフィックによるシステム負荷となり，サービス提供が困難になり，営業不能に陥るなどの企業にとって深刻な脅威となる。

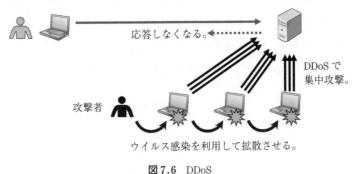

応答しなくなる。

DDoSで集中攻撃。

攻撃者

ウイルス感染を利用して拡散させる。

図7.6　DDoS

〔5〕**中間者攻撃**（**図7.7**）　　**中間者攻撃**（man in the middle）は，利用者とWebサーバの中間に割り込み，中継をすることで両者の通信を成立させ

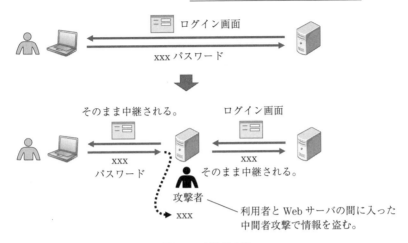

図 7.7 中間者攻撃

つつ，送られる情報を傍受する攻撃である。このとき，攻撃者のサーバの電子
証明書を用いて公開鍵暗号方式を行わせるため，攻撃者は内容を復号（暗号化
を戻すこと）可能である。対策としては，Web ブラウザによる電子証明書の
チェック機能，利用者による URL や電子証明書の確認などが挙げられる。

〔6〕 **ショルダーハック**（**図7.8**） 利用者のパスワード入力を背後から
盗み見ることで，キータイプからパスワードを知る手法である。対策として
は，周囲の確認やパーティションなどによる遮断が挙げられる。

図 7.8 ショルダーハック

〔7〕 **スカビンジング**（**図7.9**） ごみ箱あさりによって，氏名，電話番

図 7.9 スカビンジング

号，部屋番号，名簿など，攻撃のための参考情報を収集する。対策としては，シュレッダーによる紙情報の破棄，重要情報の保管と焼却処理などが考えられるが，まず，あらゆる情報が攻撃に用いられるものと認識することが重要である。

〔8〕　**ウォードライビング**（**図7.10**）　　市街や企業の建物周辺を，車で巡回し，屋外へ漏れる無線 LAN の電波をとらえ，無線 LAN 機器の脆弱性などを利用して，情報を傍受，あるいはシステムに侵入することを指す。対策としては，まず，無線 LAN のセキュリティ機能や設定の確認作業を強化することが挙げられる。

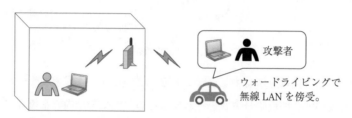

図7.10　ウォードライビング

〔9〕　**フィッシング**（**図7.11**）　　**フィッシング**（phishing, sohisticated fishing：巧妙な釣り）は，インターネットバンキングからのメールを偽り，偽装 Web サーバへ誘導してログインさせ，パスワードを盗取する攻撃を指す。さらに入力データを本物の Web サーバへ転送して，利用者にばれないようにする。対策としては，利用者による判断と自己防衛が問われることとなるが，

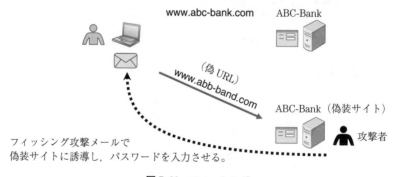

図7.11　フィッシング

不審なメールを警戒し，メールからのサイトログインを避ける。また，自分が所属するサイトの URL を正確に把握しておくことなどが挙げられる。また，Web ブラウザなどの最新機能によってフィッシングサイトが検出できる場合もあるので，ブラウザを最新版に更新することも有効である。

フィッシングサイトへの誘導メールには，つぎに挙げるようないくつかのパターンがある。これらは，PC や携帯端末へのメールや SMS（Short Message Service）を用いて，企業名やブランド名を偽り，パスワードやクレジットカード番号を不正に聞き出すなど，日々新たな手口が出現している。こうしたメール内容の一例を図 7.12 に示す。

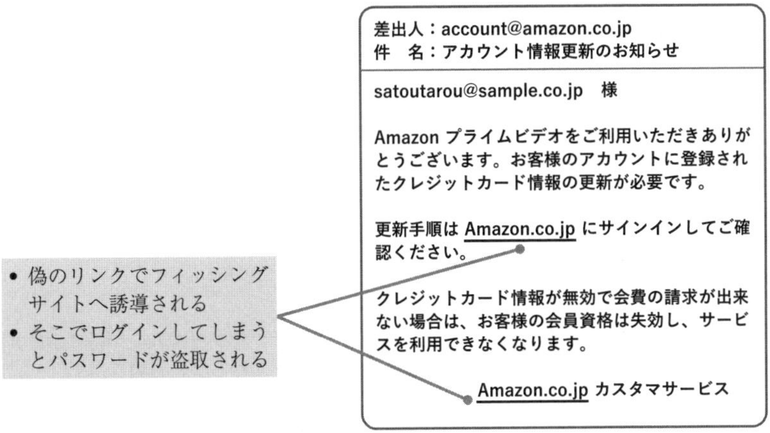

差出人：account@amazon.co.jp
件　名：アカウント情報更新のお知らせ

satoutarou@sample.co.jp　様

Amazon プライムビデオをご利用いただきありがとうございます。お客様のアカウントに登録されたクレジットカード情報の更新が必要です。

更新手順は Amazon.co.jp にサインインしてご確認ください。

クレジットカード情報が無効で会費の請求が出来ない場合は、お客様の会員資格は失効し、サービスを利用できなくなります。

Amazon.co.jp カスタマサービス

・偽のリンクでフィッシングサイトへ誘導される
・そこでログインしてしまうとパスワードが盗取される

図 7.12　フィッシングメールの例

・「アカウントや個人情報が危険にさらされています。」
　➡ すぐにログインしてパスワードを変更してくださいと促す。
・「アカウントが一時的に制限されています。」
　➡ すぐにログインして確認してくださいと促す。
・「あなたのアカウントに不正なログインがあった可能性があります。」
　➡ すぐにログインして確認してくださいと促す。

- ショッピングサイトから「**登録情報が期限切れや無効になります。**」
  - ➡ ログインしてクレジットカード番号を再登録してくださいと促す。
- **SNS**，**ゲームなどのサイトから「ユーザへのメッセージがあります。**」
  - ➡ ログインしてメッセージを参照してくださいと促す。
- 宅配業者から「**お荷物をお届けしましたがご不在でした。**」
  - ➡ 宅配業者サイトにログインして確認してくださいと促す。
- **クーポンがプレゼントされるキャンペーンの案内**
  - ➡ 携帯番号とパスワード入力し，クーポンを発行してくださいと促す。

〔10〕 **ソーシャルエンジニアリング（図7.13）**　　人の心理や行動の弱点を利用して，巧みに情報を聞き出したり，入力を誘導したりする攻撃を指す。おもに人による人への攻撃であり，部外者への情報提供から部内者も含めた情報取り扱い規定の策定，セキュリティ教育など，企業全体での取り組みや，個人の情報管理意識の向上などが重要である。

図7.13　ソーシャルエンジニアリング

〔11〕 **サポート詐欺**

　企業のセキュリティ部門やテクニカルサポートの Web を装い，PC が攻撃を受けたという警告を出し，問題解決のために不正なソフトウェアのインストールやソフトウェア購入などを促す手口の詐欺。実際に PC への攻撃は起きておらず，警告メッセージにはつぎのような例がある。こうしたメッセージがウインドウ表示や音声によって突然出力されるため，危機感が高まり指示されるまま行動してしまう場合が多い。

- 「ウイルスが検出されました」
- 「ウイルスに感染しています」
- 「個人情報漏洩の危険にさらされています」
- 「今すぐダウンロードしてください」
- 「今すぐ電話をかけてください」

〔12〕 標的型攻撃

特定の個人や組織を狙った攻撃であり，事前収集しておいた標的の情報を基に業務連絡などのメールを装った**標的型攻撃メール**を送付し，添付ファイルや誘導 URL などによってウイルス感染や認証情報を盗み取ることを狙うものである（**図 7.14**）。

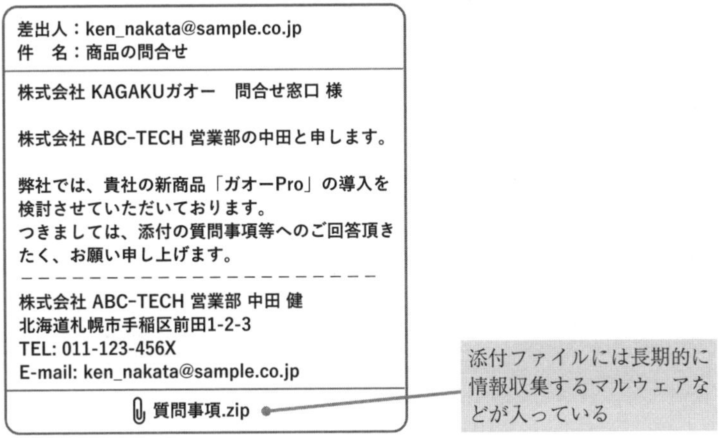

差出人：ken_nakata@sample.co.jp
件　名：商品の問合せ

株式会社 KAGAKUガオー　問合せ窓口 様

株式会社 ABC-TECH 営業部の中田と申します。

弊社では、貴社の新商品「ガオーPro」の導入を
検討させていただいております。
つきましては、添付の質問事項等へのご回答頂き
たく、お願い申し上げます。
ーーーーーーーーーーーーーーーーーーーー
株式会社 ABC-TECH 営業部 中田 健
北海道札幌市手稲区前田1-2-3
TEL: 011-123-456X
E-mail: ken_nakata@sample.co.jp

🔗 質問事項.zip ●

添付ファイルには長期的に
情報収集するマルウェアな
どが入っている

図 7.14　標的型攻撃メールの例

一般のウイルスメールが不特定多向けに作られているのに対し，狙った標的向けに巧妙に作られているため，攻撃メールとは気づかずに被害を受けるケースも多い。対策として，ウイルス対策ソフトの導入やメール内のリンクアドレス（特にドメイン名）が正しいものであるか確認することなどが挙げられる。また模擬的な標的型攻撃メールを使った教育・訓練を実施している企業もある。

特に持続的に行われる標的型攻撃は，**APT攻撃**（Advanced Persistent Threat）や**高度サイバー攻撃**と呼ばれる。APT攻撃は，重要情報を盗み取って企業に深刻な脅威をもたらすものであり，つぎのような特徴を持つ。

- **先進的**（**A**dvanced）… 先進的なツールやテクニックを用いた高度な攻撃。
- **執拗**（**P**ersistent）… 執拗かつ長期的な活動を持続。
- **脅威**（**T**hreat）… 明確な目的，実行力，組織力，資金力などを基に活動。

〔13〕　ランサムウェア

ランサムウェアは身代金要求型不正プログラムとも呼ばれ，感染するとPCの操作ロックやファイルの暗号化によって使用不能にし，それを解除するために身代金（ransom，ランサム）の送金を要求するマルウェアである（**図7.15**）。

図7.15　ランサムウェア WannaCry の身代金要求画面

　これにはシステムの脆弱性を攻撃してネットワーク接続された PC に感染を広げるものもあるため，企業の共有フォルダなどの重要データが暗号化され身代金要求される危険性がある。対策として，ウイルス対策ソフトの導入，オペレーティングシステムの更新機能（Windows Update など）による脆弱性対策，システムおよびファイルのバックアップが挙げられる。

7.1.4　迷惑メール

迷惑メールは，受信者が望んでいないにもかかわらず一方的に送信されてくる電子メールであり，**スパムメール**（spam mail）とも呼ばれている。こうしたメールは，発信者の所有するメールアドレスリストを基に大量送信される場合が多く，一般の DM 送付やチラシ配りに比べて金銭的コストがかからない。**表7.3** に迷惑メールのおもな分類を挙げる。

　迷惑メールの一般的な対処法は無視や破棄であり，反対に返信・連絡などの反応を示す行為や，添付ファイルや記載 URL 先の参照行為は危険である。迷

表7.3　迷惑メールの分類

分類	目的	概要
広告メール	• 商品の販売促進 • 商用サイトの利用促進	• 商品そのものは違法性がない。 • 事前承諾（オプトイン）のないメール送信は特定電子メール法違反に該当する。
違法商品の宣伝	• 偽ブランド品，著作権違反ソフト・コンテンツ，未承認医薬品などの違法商品販売 • クレジットカード情報の取得	• 商標法違反，著作権法違反，医薬品医療機器法違反などに該当する。 • 商品もメール送信も違法な場合が多い。 • 購入しても商品が届かない場合もある。 • 購入してしまった場合，購入者の違法性を利用した恐喝もある。
違法販売行為の勧誘	• ねずみ講 • マルチ商法	• 無限連鎖禁止法違反，連鎖販売取引に該当する。 • 購入者が新たな購入者を勧誘する。 • 他者にも販売させて自分にも利益が得られることで誘引する。
ワンクリック詐欺	• 有料サイトの強制入会 • 有料サイトの料金請求	• 詐欺罪,恐喝罪に該当する可能性あり。 • Web ページのボタンクリックや表示しただけで不当に料金請求する詐欺行為。 • 公序良俗に反する有料サイトが多い。
架空請求メール	• 利用していない有料サイト，購入していない商品の不当な料金請求 • 振り込め詐欺	• 詐欺罪,恐喝罪に該当する可能性あり。 • 偽りの裁判所命令，法的手段，差し押さえ，自宅集金，端末情報（IP アドレス等）の取得済みといった高圧的な記述が多い。 • 一度でも支払いや連絡をとってしまうと，何度も自宅や職場に延滞料請求が来る。

表7.3　（続き）

分類	目的	概要
脅迫メール	• PC のハッキングにより，マルウェアを仕込んだ，アダルトサイトの利用を記録したなどと脅迫	• 脅迫罪，恐喝罪に該当する可能性あり。 • PC をハッキングしたかのように装い，データ破壊や情報拡散を行うと脅す。 • ビットコイン（仮想通貨）等での支払いを要求してくる。
フィッシングメール	• パスワード情報の盗み取り	• 不正アクセス禁止法違反に該当する。 • 偽サイトのログインページに誘導し，パスワードを入力させる。
ウイルスメール	• ウイルスの感染（トロイの木馬，ランサムウェア，バックドアによる踏み台化，情報の盗み取りなど）	• 不正指令電磁的記録に関する罪（コンピュータ・ウイルスに関する罪）に該当する。 • 覚えのない人からのメールが多い。 • メール内容はさまざまであり，興味をひくことで添付ファイルを開かせたりWeb に誘導したりして感染へと至らせる。

惑メールが届くということは，自分のアドレスが送信者の所有するリストに含まれているはずなので，リストの転売やアドレスの悪用（迷惑メール送信者のアドレスが偽装されて自分のアドレスになっている場合もあり得る）が想定される。もしも迷惑メールに返信してしまうと，詐欺にかかりやすい者とされ，その後の悪質な行為を受けやすくなる可能性も考えられる。

7.1.5 自 然 災 害

　地震，台風，洪水，落雷，火災などの自然災害等も，情報セキュリティの脅威として無視できない。それらは，物理的にも精神的にも，情報システムおよび関係者，利用者へ大きな影響を及ぼす。

　つぎに，自然災害等に対するおもな対策を挙げる。

• ディスクの損傷，データの損失などを想定し，バックアップをとる。
• 災害による停電対策として，UPS（無停電電源装置）を設置する。
• 地震や火災などを想定し，遠隔地に予備サーバを設置する。

> - 地震や火災などを想定し，システムのシャットダウン手続きを計画する。
> - 火災を想定し，スプリンクラーからのシステムの設置距離を考慮する。
> - 地震を想定し，機器の固定や電源ケーブルの引き回しの余裕を考慮する。
> - 災害後の電気や水道供給，食料補給などを想定した災害復旧プランの策定。

7.1.6 セキュリティ対策

情報セキュリティにおいて，脅威からシステムを守る対策はつぎの三つに分類される。

> - **物理的対策** … 機器の二重化，入退管理，施錠，盗難防止器具，災害対策
> - **人的対策** … 対応部門の設置，責務の明確化，規則の整備，人員の教育
> - **技術的対策** … アクセス制御，ウイルス対策ソフト，ファイアウォール

技術的対策は，コンピュータを使った技術的攻撃に対抗し得る有効手段であり，以下におもなものを挙げる。

〔1〕 アクセス制御

情報システムの基本的なセキュリティ機能が**アクセス制御**（access control）である。これは**ユーザ認証**と**アクセス権**によって機能するものであり，ユーザ認証では現在操作しているユーザが誰であるかを識別し，コンピュータのリソース（データや装置）に対し，ユーザにどのアクセス権（読み取り，書き込み，実行の権限）を与えるのか管理者が事前に設定しておく。アクセス制御の設定機能を有するものとして Linux，Windows，macOS などの OS をはじめ，ルータや NAS などの通信・ストレージ機器などがある。また，フォルダ，ファイル，プログラム，データベース内のテーブルなどは個々にアクセス権を設定できる。

〔2〕 ウイルス対策ソフト

アンチウイルスソフトウェア（anti-virus software）とも呼ばれ，PC 内をス

キャンしてウイルスなどの各種マルウェアを検出する。またWebからのダウンロードやメール添付ファイルにマルウェアが検出されると，それらに対する「隔離」か「削除」の選択肢が表示される。なお，新種のマルウェア検出に必要な情報は，**パターンファイル**という形でほぼ毎日更新され最新状態が保たれる。しかし，パターンファイルに追加されていない出現したばかりのウイルスは検出されにくく，**ゼロデイ攻撃**（zero-day attack）と呼ばれている。

〔3〕 **ファイアウォール（防火壁）**

　社内ネットワークなどの出入り口付近に配置し，そこで一定の通信パケットを遮断したり通過させたりすることで，ネットワーク攻撃という火災から防御する機能である。**ファイアウォール**は，サーバやPC，ルータなどの通信機器内において稼働するプログラムであり，**図7.16**のように，あらかじめフィルタリングルールを記述しておきパケットの通過を制御する。

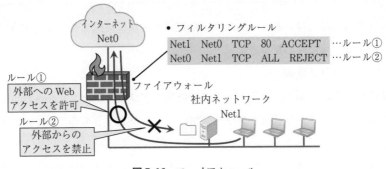

図7.16 ファイアウォール

〔4〕 **IDS／IPS（侵入検知／防御システム）**

　IDS（Intrusion Detection System）は，ネットワークに流れるパケットのやりとりを監視し，その通信パターンが攻撃や異常と判断された場合に不正侵入として検知するシステムである。ファイアウォールが単一パケットごとに通過・遮断を制御するのに対し，IDSは複数のパケットによる通信パターンやデータ内容を調べることで侵入行動を判断するものである。また，**IPS**（Intrusion Prevention System）は，検知だけでなく不正侵入を遮断するアク

ションを行う。

〔5〕 DMZ（非武装地帯）

企業の社内ネットワーク（イントラネット）などは外部からのアクセスに対し保護することが一般的であるが，インターネットに公開する企業内 Web サーバは，外部からアクセスできる必要がある。そのため，**図7.17** のようにイントラネットの外側エリアを **DMZ**（De-Militarized Zone）として分離し（非武装状態とし），そこに Web サーバを配置する。もし Web サーバを攻撃して乗っ取り，それを踏み台としてイントラネットへの侵入を試みても，分離境界に配置したファイアウォールによって DMZ で起こる脅威から守ることができる。

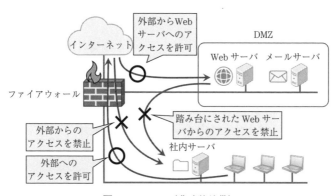

図7.17 DMZ（非武装地帯）

〔6〕 DLP（情報漏えい防止システム）

DLP（Data Loss Prevention）は，機密情報の流出を阻止するシステムであり，機密ファイルの USB メモリへのコピーやメール添付による送信を監視し，流出の危険を検知すると警告や操作の強制キャンセルなどを行う。監視の際，特定のキーワード，個人情報などを自動的に判定する。また，あらかじめ機密情報のもととなるテンプレート（書類の様式）ファイルから，フィンガープリントと呼ばれる値を生成してシステムに登録しておく。その後，判定対象ファイルにフィンガープリントとの一致が認められると機密情報であると判定

される。

〔7〕 VPN（私設仮想回線）

　企業の拠点間通信では**専用線**が利用されてきたが，他社との連携や出先から
のアクセスなど，柔軟な利用ではインターネットが便利である。専用線は利用
料金が高額であるが，独立した回線接続で安全性が高い。対して安価なイン
ターネットは不特定多数からパケットが送られ，攻撃や不正アクセス，誤送信
による情報流出などの危険がある。**VPN**（Virtual Private Network）は，暗号
化技術を用いてインターネット上に仮想的な専用線を構築する技術である。
VPNでは，**図7.18**のように通信パケットを暗号でカプセル化した状態で送受
信する。これを**トンネリング**と呼び，部外者は通信路への侵入やデータの盗み
取りができない。

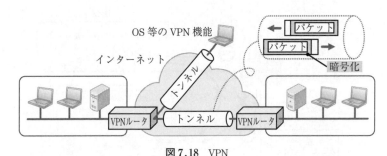

図7.18 VPN

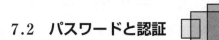

7.2 パスワードと認証

7.2.1 パスワードの強度

　パスワードは，ログインやファイルの暗号化などに使用される秘密の符号で
あり，パスワードの強度とは，パスワードの破られにくさ（解読されにくさ）
を意味し，すなわち安全性の高さである。

　表7.4のように，使用する文字種が多いほど，さらにパスワードの桁数が
大きいほど，パスワードのパターン数が多くなり，パスワードの強度が高くな

表7.4　パスワードのパターン数

文字種	4桁	8桁	10桁
数字（10種）	10 000	100 000 000	10 000 000 000
英小文字（26種）	456 976	208 827 064 576	141 167 095 653 376
英大小文字＋数字（62種）	14 776 336	218 340 105 584 896	839 299 365 868 340 224

る。例えば，数字4桁の場合，「0000」〜「9999」の10 000通りを試せば，必ずその中にパスワードが存在し，高性能なPCを用いれば，短時間で解読されてしまう。しかし，英小文字で8桁となると，208 827 064 576通りであり，解読時間は，およそ数字4桁の2 000万倍以上となる。

　パスワードの文字種と桁数が多くなると，われわれ人間にとっては覚えにくいものとなってしまうが，セキュリティ上の安全性は高まるので，1桁でも長いパスワードのほうがよい。一般に，パスワードは8桁以上がよいとされており，さらに大文字や記号なども含め，できるだけ文字種を増やしたほうがよい。

7.2.2　パスワードの決定と管理

　パスワードは，他人に知られてはならない秘密情報である。また，パスワードを管理するのは本人であり，安全管理も自分で行わなければならない。

　パスワードの強度を高め，他人に推測や解読される脆弱性をなくし，さらに他人に見られる危険性を排除することが重要となる。そのためには，パスワードを書いた紙をPC付近に置いたり，携帯したりすると，紛失や盗み見られる危険性がある。大切なものだからといって，身分証や免許証などとともに財布などにはさんでおくと，紛失したとき他人に個人情報をまとめて入手されることになる。パスワードは，十分に安全な場所に保管するか，しっかり暗記するのがよい。また，**図7.19**のように，複数の場面で用いるパスワードを統一してしまうと，覚えやすいが1か所が知られると，全滅するという運用上の脆弱性がある。

　パスワードを破る攻撃は**パスワードクラック**（password cracking）と呼ばれ，**表7.5**に代表的な手法を挙げる。大量のパスワードを生成して試す**総当たり攻撃**や**辞書攻撃**は，プログラムによって自動的に行われ，短いパスワード

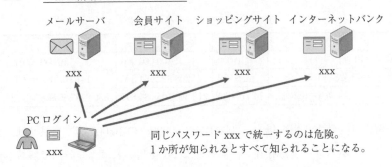

図7.19 複数パスワードの危険な運用

表7.5 パスワードクラック手法

攻撃手法	危険度	概要
総当たり攻撃（ブルートフォースアタック）	低	• 英字，数字，記号などのすべての組合せを機械的に試す力任せの手法。 • パスワードのパターン数は桁数に応じて指数関数的に増加するため，長いパスワードの特定には膨大な時間を要する。
辞書攻撃	中	• 英単語やパスワードによく使われる語による辞書を用い，攻撃に利用する手法。 • パスワードを特定できた場合，総当たり攻撃よりも時間がかからない。
パスワードリスト攻撃	高	• 他のサイト等で使用されていたID・パスワードを事前入手しておき，攻撃に利用する手法。 • 複数のサイトで同じID・パスワードを使用していると，この攻撃でパスワードが特定されやすい。 • リストの入手は，個人情報流出や不正入手などによるものが多く，多発する情報流出事故の二次的被害となり得る。

は危険度が高くなる。またIDとパスワードを含む個人情報の流出によって，それが他のサイトの不正アクセスに利用される**パスワードリスト攻撃**による被害が増加している。これは他の手法よりも効率的に攻撃でき危険度が高い。複数のサイトで同じパスワードを使用すると，こうした危険にさらされる。

7.2.3 ログインと認証

PCやWebサイト，メールサーバなどにアクセスするには，IDとパスワードによってログインするのが一般的である。また，部屋への入室などでも暗証

番号やICカードを用いて開錠する場合もある。それらは，その人物がだれであるか，個人を特定する処理でもあり，認証処理と呼ばれる。

　認証は，分類すると**表7.6**のような方法がある。このうち，複数の要因を組み合わせて用いるマルチファクタ認証（多要素認証）がある。例えば，パスワードとICカードの二つを必要とする認証では，もしパスワードが知られても，ICカードがなければ認証されず，マルチファクタ認証によって認証強度が高まる。

表7.6　認証方法

認証方法	意　味	例
What you know	本人が知っている知識を使った認証 （本人しか知らない情報）	パスワードなど
What you have	本人が持っている物を使った認証 （本人しか持っていない物）	ICカード，セキュリティトークンなど
What you are	本人の特徴を使った認証 （本人を特定できる身体的特徴）	バイオメトリクス情報（指紋，虹彩，静脈，声紋などの生体認証情報）

　認証処理には，アクセス可能にする目的のほか，記録（**ログ**）をとる目的もある。記録はセキュリティ上の重要事項でもあり，問題発生時の調査および証拠資料となるものである。例えば，Webサーバへのアクセスも，ログがとられているのが一般的であり，その際は匿名アクセス（パスワード認証を必要としないアクセス）ではあるが，IPアドレス等が記録される。

　システムへログインした際，そのユーザはシステムに登録済みであり，さらに，システムのどのような機能に対して使用許可があるのか，アクセス権が与えられている。そのため，ログイン後にできることは限られており，アクセス権のない情報の閲覧，書き込み，プログラムの実行などは技術的に制限されている。システムの管理者（スーパーユーザ，アドミニストレータ）であるユーザには，最大のアクセス権が与えられており，反対に，ゲストユーザ（不特定多数の匿名ユーザ）には必要最低限のアクセス権が与えられている。

7.3 ファイルの圧縮と暗号化

7.3.1 圧 縮 と 展 開

情報社会では，ファイルを**圧縮**することがある。圧縮の目的は，ファイルサイズを縮小すること，複数のファイルを一つのファイルにまとめること，さらにパスワードをかけて暗号化することなどである。

圧縮したファイルを元に戻すことを**展開**（解凍）と呼び，**ZIP 圧縮**形式は，インターネットで広く用いられる**可逆圧縮方式**である。ZIP 圧縮および展開には，Windows などの OS の標準機能が使えるほか，無償のファイルアーカイバ（圧縮展開）ソフトウェアを用いることもできる。

図 7.20（a），（b）は，オープンソースのファイルアーカイバソフトウェアである **7-Zip**（セブンジップ）の操作例である。7-Zip は，7-Zip 日本語公式サイト（https://sevenzip.osdn.jp/）からダウンロード可能であり，セットアップ後は以下の〔1〕，〔2〕のように操作する。

〔1〕 **圧縮のしかた**
- 圧縮対象ファイル（複数可）を右クリックし「7-Zip」→「圧縮 ...」を選択する。
- 「圧縮先」に圧縮ファイル名を考えて入力し，「書庫形式」に「zip」を選択し，「OK」ボタンをクリックする。

〔2〕 **展開のしかた**
- 圧縮ファイルを右クリックして「7-Zip」→「展開 ...」を選択する。
- 「展開先」を入力して「OK」ボタンをクリックする。

図 7.20 の例では，二つのファイルを一つに圧縮しており，サイズもそれらの合計値より小さくなっている。

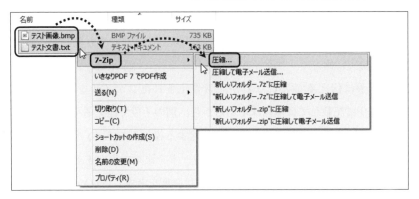

（a） 圧縮対象を右クリックし，「7-Zip」→「圧縮 ...」を選択。

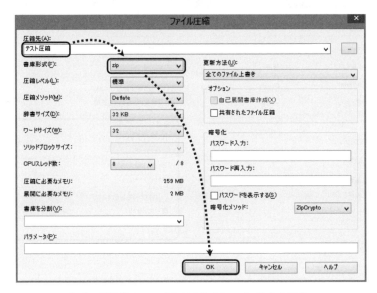

（b） 圧縮後のファイル名を入力し，zip 形式を選択。

（c） ファイル圧縮結果

図 7.20 7-Zip によるファイル圧縮

7.3.2 暗号化と復号

機密性の高いファイルを，メールや USB メモリなどでやり取りする際は，誤送信や紛失に備えて，ファイルを暗号化する。この際，暗号化パスワードを考えて相手に伝えることになるが，暗号化されたファイルを含むメールや USB メモリに記載しては無意味であるから，別の手段で伝えるべきである。

図7.21 は，7-Zip で圧縮する際，暗号化する操作例である。「暗号化」の欄にある「パスワード入力」に自分でパスワードを決めて入力すると，圧縮ファイルが暗号化される。このとき，パスワードは強度を考慮して決めるべきである。

図 7.21 暗号化パスワードを設定した圧縮

なお，「暗号化メソッド」には，標準的な「ZipCrypto」のほか，安全性が高いとされている「AES-256」方式が選択できる。

暗号化された圧縮ファイルは，展開時に**図 7.22** のような復号のための「パスワード入力」が要求され，設定したものと同じパスワードでなければ展開できない。

パスワード入力 ✕

パスワード入力:

****

☐ パスワードを表示する(S)

OK　　　キャンセル

図7.22　展開時のパスワード要求

7.4　暗号化通信方式

7.4.1　共通鍵暗号方式

ファイル圧縮時の暗号化にも用いられている AES-256 は，共通鍵暗号方式の暗号化アルゴリズムの一つである **AES**（Advanced Encryption Standard）という安全性の高いアルゴリズムを用いている。

元の情報（平文）を暗号化し，それを元に戻すことを復号といい，共通鍵暗号方式とは，**図7.23** のように，暗号化と復号の両方で同じ**秘密鍵**（パスワード）を用いる方式である。

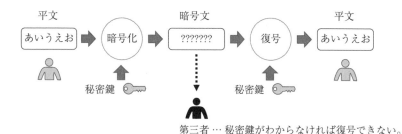

図7.23　共通鍵暗号方式

7.4.2　公開鍵暗号方式

インターネット上で暗号化通信をする場合を考える。**図7.24** のように，共通鍵暗号方式では，通信相手に秘密鍵を送信しておく必要が生ずる。しかし，

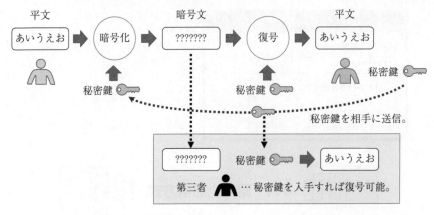

図7.24　共通鍵暗号方式のインターネットでの使用

第三者に秘密鍵を入手される可能性があるので，情報が漏えいしてしまう。

　そこで，公開鍵暗号方式を用いてこの問題を解決する。データを暗号化する鍵と復号する鍵を異なる鍵とし，暗号化鍵（**公開鍵**）で暗号化したものは，そのペアとなる復号鍵（**秘密鍵**）でしか復号できないようにしたものである。**図7.25**において，送信者は事前に提供された公開鍵を使って暗号化するが，それを同じ公開鍵では復号できない。受信者は唯一復号可能である秘密鍵を使って復号する。もし，インターネット上を流れた公開鍵が第三者に入手されても，それを使って復号できないので，安全性が確保されるのである。

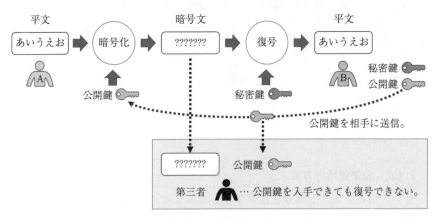

図7.25　公開鍵暗号方式

暗号化通信の安全性は，つぎのように導かれる。

- だれでも B の公開鍵で暗号化できる。
- 元に戻せるのは B の秘密鍵だけである。
- 秘密鍵は本人しか持っていない。
- ゆえに，元に戻せるのは B だけである（第三者に漏えいしない）。

7.4.3 電 子 署 名

公開鍵暗号方式を活用して，情報の改ざんを防止することができる。**図 7.26** のように，データのハッシュ値を求めておき，ハッシュ値を秘密鍵によって暗号化したものを電子署名としてデータに付加して送信する。このとき，暗号化されたものを復号できるのはペアである公開鍵のみとなる。受信者は，公開鍵を使って電子署名を復号し，ハッシュ値を得る。このハッシュ値と受信データから求めたハッシュ値を照合し，一致すれば受信データが改ざんされていないことが確認できる。もし，インターネット上を流れたデータが第三者に入手されても，送信者の秘密鍵でない鍵で電子署名を生成しても，照合で失敗し，改ざんが検出される。

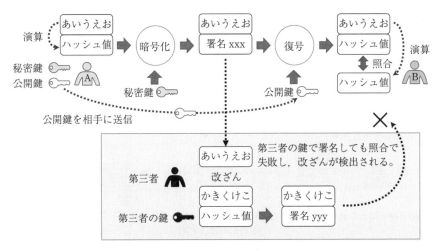

図 7.26　電子署名

電子署名の安全性は，つぎのように導かれる。

• だれでも A の公開鍵で戻せる。

• それを暗号化したのは A の秘密鍵だけである。

• 秘密鍵は本人しか持っていない。

• ゆえに，暗号化したのは A だけである（第三者が改ざんできない）。

　以上のように，公開鍵暗号方式は，暗号化と電子署名の二つの用途に使用できる。暗号化は公開鍵でも秘密鍵でもどちらでも可能であるが，必ずペアとなる鍵でしか開かない。そして，秘密鍵は本人しか持っていない。暗号化と電子署名は，これらの前提によって成立する手法である。

　図 7.27 に，公開鍵と秘密鍵の使い方の概念を示す。暗号化の用途では，公開鍵は金庫を閉じる鍵であり，秘密鍵は開ける鍵である。開けることのできる秘密鍵は本人しか持っていないので，第三者が開けることはできない。また，電子署名の用途では，秘密鍵は閉める鍵であり，公開鍵は開ける鍵である。公開鍵で開けた場合，それを閉じることのできた秘密鍵は，本人しか持っていないので，第三者が改ざんして閉じ直すことはできない。

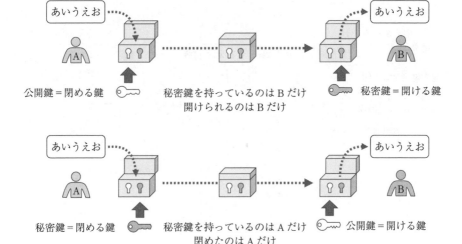

図 7.27　公開鍵と秘密鍵の使い方の概念

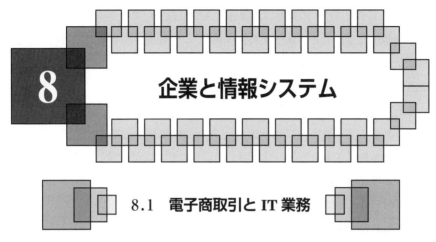

8 企業と情報システム

8.1 電子商取引とIT業務

8.1.1 電子商取引と電子マネー

電子商取引（electronic commerce，通称eコマース）は，インターネット上で商品やサービスを売買することである。電子商取引の形態には，つぎのようなものがある。

- **BtoB**（Business to Business）

  企業間の取引き。商品メーカーと部品メーカー，製造元と販売者など。

- **BtoC**（Business to Consumer）

  企業と消費者との取引き。インターネットショッピングなど。

- **CtoC**（Consumer to Consumer）

  消費者間の取引き。インターネットオークションなど。

- **GtoB**（Government to Business）

  政府と企業間の取引き。電子入札や電子申請サービスなど。

今日では，電子商取引は企業活動や個人生活にも浸透し，ごくあたりまえのもののように機能している。電子商取引では，重要な情報や個人情報が送受信されるので，暗号化通信による機密性の確保は必須である。また，サービスが途切れることなく可用性を維持することも重要となる。

電子商取引にあたり，個人の理解や判断も重要となる。商品購入などの契約は，Web画面やメールによる承諾通知の到達時に成立すること（電子契約法4

条，民法 97 条 1 項），消費者は，操作ミスで契約した申し込みに対する意思表示を無効化できること（電子契約法 3 条），この対抗手段として，最終意思表示となる送信ボタンを押す前に，申し込み内容の訂正機会を与える画面表示で確認を求める措置（民法 95 条，電子契約法 3 条）などを理解しておきたい。

　電子マネーは，貨幣に代わるものとして，電子的なデータによって決済する手段である。電子マネーには，IC カードなどに情報を記憶させ，決済端末を介して街のさまざまなところで利用できるものや，仮想通貨として，インターネット上で ID とパスワードにより決済するものなどがある。

　わが国で普及している電子マネーカードのおもな例をつぎに挙げる。

- **楽天 Edy カード**（楽天 Edy 株式会社）

  Edy 対応端末で使用できる。

- **Kitaca**（北海道旅客鉄道株式会社）

  鉄道の共通乗車ができる。

- **Suica**（東日本旅客鉄道株式会社）

  鉄道の共通乗車ができる。

- **PASMO**（首都圏の私鉄，地下鉄，バスの各路線会社）

  交通系のプリペイドカード。

- **nanaco**（株式会社セブン＆アイ・ホールディングス）

  セブンイレブンで使用できる。

- **WAON**（イオン株式会社グループ）

  イオン，ファミリーマート，マクドナルドなどで使用できる。

- **iD**（株式会社 NTT ドコモ）

  おサイフケータイなどによるポストペイ型電子マネー(事前チャージ不要)。

- **QUICPay**（JCB その他のカード会社）

  QUICPay 対応端末で使用できるポストペイカード（事前チャージ不要）。

　これらの電子マネーカードは，非接触型 IC カード技術である **FeliCa** を採用したものが多く，かざすだけで端末と通信でき，暗号化機能や偽造難易度の高さなどが長所である。さらに，携帯端末での利用（おサイフケータイ：登録

商標として複数企業で使用）や，入手容易な PC 用カードリーダを用いたインターネット経由のチャージ（入金手続）が可能である。

8.1.2 IT アウトソーシングと労働者派遣

IT アウトソーシングとは，システム開発や運用など IT 関連技術に関して，その業務の一部や全部を，専門スキルを持つ他社に委託することである。そのメリットをつぎに挙げる。

- 設備コストや人的コストの削減，費用の平準化
- 専門技術の人材育成が不要
- 業務の迅速な立ち上げ
- 専門技術を得ることによる業務改善
- システム管理者の負荷軽減，利用者の満足度向上
- 自社の得意業務への注力，他社との競争力向上

IT アウトソーシングの形態として，常駐型，訪問型，リモート接続型，レンタル型，クラウドを利用した **ASP**（Application Service Provider）あるいは **SaaS**（Software as a Service）型などによりサービスを提供する。また，提供するサービスの種類としては，システムの開発，監視，操作，運用，ホスティング（サーバ，設備などの貸し出し）などがある。

労働者派遣事業は，人材派遣会社の登録技術者などを，派遣先企業へ派遣する事業であり，雇用形態としては，派遣先の指揮命令のもとで労働する形態をとる。分類として，常時雇用される特定労働者派遣事業と，仕事があるときだけ雇用する一般労働者派遣事業がある。IT アウトソーシングにおける専門技術力の派遣では，特定労働者派遣事業が多い。

労働者派遣法（労働者派遣事業の適正な運営の確保及び派遣労働者の保護等に関する法律）は，派遣で働ける職種，グループ企業内派遣の人数割合の規制，離職後 1 年以内の同じ会社への派遣禁止，30 日以内の日雇い派遣の原則禁止，派遣会社のマージン率，派遣会社による待遇説明義務などを定めている。

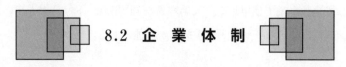

8.2 企 業 体 制

8.2.1　IT ガバナンスとコンプライアンス

IT ガバナンスは，企業において IT 戦略を策定し，IT 業務を統制し，あるべき方向へ導く組織能力である。一方，**IT コンプライアンス**は，企業の IT 業務において，公正な業務遂行のために法令や規則を遵守することである。

　IT ガバナンスには広い意味があるが，経済産業省によって「IT 活用に関する行動を，企業の競争優位性構築のためにあるべき方向へ導く権限と責任の枠組みである」と定義されている。企業は，合併，統合などにより組織が再編成される場合がある。その中で，システム統合などが発生するが，それは迅速なサービス提供を優先し，準備やリスク対策などがあと回しになれば，大問題となるような重大な課題である。もしも，企業の経営陣と現場のシステム管理部門がうまく連携しなければ，トラブル発生の危険性が高まる。対策として，方向性と統制力を持って企業をコントロールすることが重要であり，そのための方針提示が具体的な行動へとつながる。例えば，IT の目標設定，その戦略方法，リスク管理項目，資源管理項目，目標の伝達方法，進捗の測定方法などを定めることである。

　IT コンプライアンスでは，法律違反に注意することが目的ではなく，企業の社会的信頼の維持を第一とし，企業倫理に基づいた基本姿勢が重要である。つまり，企業の IT 管理方法，資源管理方法などにおいて，企業がステークホルダー（顧客，株主，得意先，地域社会）の期待に応えるべく，社会的信頼性を維持することが重要である。例えば，業務の可視化，情報の取り扱い，チェック体制などを整備し，法令や社会規範を遵守した企業活動を行うことである。

　組織が大きくなると，各自にスキル，やる気，注意力が十分あっても，企業全体が安心安全とはいえず，統制力や組織力で支持することが必要である。

《コラム》

ITガバナンスが重視される背景として，ITシステムに支えられた社会生活に及ぼす影響が挙げられる。実際の事例として，銀行の大規模合併におけるシステム統合では，方針決定や統合作業の遅れ，不十分な稼働テストなどによってATM障害が発生し公共料金の自動引き落としなどに遅延が生じ大混乱を招く大規模システム障害に陥った。原因として組織統合におけるガバナンスの欠如がシステム統合の状況報告や意思決定の不備へとつながったと考えられている。これに対し金融庁は，システムの障害再発防止のための内部管理体制や運用体制の見直しや責任の明確化などを求める業務改善命令を出し，社会経済のインフラを混乱させた責任を重くとらえている。

コンプライアンスとは，法律のほか規制・ガイドライン，社内規定，社会倫理・企業倫理などを広く守ることであるが，明らかな犯罪は別として無自覚や不注意によって，ついやりすぎたり軽く考えたりして違反することは問題である。コンプライアンス違反をすると，法的な罰則・処分，顧客・株主からの訴訟・賠償請求などを受け，信用失墜や企業倒産へと発展する場合も少なくない。おもなITコンプライアンス違反を以下に挙げる。

- 営業情報や技術情報を他人へ話したりSNSで公開したりすること。
- 会社のPCの私的利用や貸与，それによるウイルス感染や情報流出。
- 社外秘のデータや機密情報のメール送信，クラウド保存，USBメモリによる持ち出し。
- ソフトウェアをライセンス契約に違反して複製利用するなど。

8.2.2　情報セキュリティマネジメントシステム

情報セキュリティマネジメントシステム（Information Security Management System, **ISMS**）は，企業が情報セキュリティを管理するための組織的な取り組みである。

ISMSは，情報セキュリティにかかわる基本方針，対策方法，計画内容，運用方法などを含んでいる。企業のISMSが，国際規格ISO 27001（国内規格JIS Q 27001）に適合していることを，第三者機関が認証する「ISMS適合性評価制度」があり，つぎのような評価項目を含む。

- 組織の状況（組織の目的，利害関係者のニーズおよび期待などの理解）

- リーダーシップ（方針，組織の役割，責任および権限）
- 計画（リスク対応や計画策定）
- 支援（資源，教育，訓練，コミュニケーション，文書化）
- 運用（運用計画と管理）
- パフォーマンス評価（監視，測定，分析，評価，内部監査）
- 改善（不適合発生時の措置，改善のための規定）

この整備と実践にあたり，**PDCA**（Plan：計画，Do：実施，Check：点検・監査，Act：見直し・改善）**サイクル**による目標達成レベルの維持改善が重要となる。また，ISMS構築による認証取得のメリットにはつぎのようなものがある。

- 技術および活動にかかわる総合的なセキュリティ対策の実現
- 情報取扱いの安全化と業務の効率化
- 情報取扱いに関するサービス品質の向上
- 取引先への信頼性アピール
- 他社との競争力強化

8.2.3　個人情報保護マネジメントシステム

個人情報保護マネジメントシステム（Personal information protection Management Systems, **PMS**）は，組織が個人情報を安全かつ適切に管理するための枠組みである。

PMSについて規定してある国内規格 JIS Q 15001 は，つぎのような要求事項を含む。また，PDCAサイクルを通じて改善を実施することを基本としている。

- 個人情報保護方針（組織及びその状況，利害関係者のニーズの理解）
- 計画（個人情報の特定，法令，リスク認識や対策，資源，役割，責任及び権限，内部規程，計画書，緊急事態への準備）
- 実施及び運用（運用手順，取得・利用・提供に関する原則，適正管理，権利）

個人情報保護法が，個人情報取扱事業者の義務や罰則を定めているのに対し，JIS Q 15001 では，個人情報保護の方針内容，規定，対策，手順といった具体策にかかわる事項を要件としている。

「プライバシーマーク制度」は，JIS Q 15001 に適合し，個人情報について適切な保護措置を講ずる体制を整備している事業者を認定し，登録商標である「プライバシーマーク」の使用が認められる制度である。これは，JIPDEC（一般財団法人 日本情報経済社会推進協会）が指定する第三者機関によって審査が行われている。プライバシーマークの認定あるいは PMS の構築には，つぎのようなメリットがある。

- 計画や運用面での総合的な個人情報保護体制の実現
- プライバシーマークの認定を入札参加条件とする官公庁や自治体がある。
- 信頼性のアピール
- 他社との競争力強化

8.2.4 品質マネジメントシステム

品質マネジメントシステム（Quality Management System，**QMS**）は，製品やサービスの品質を維持するための管理の枠組みである。

製品やサービスの品質保証を通じて，顧客満足向上と QMS の継続的な改善を実現する国際規格として ISO 9001 がある。ISO 9001 は，つぎのような要求事項を含み，第三者機関による審査によって認証される。

- 品質マネジメントシステム（文書化）
- 経営者の責任（顧客重視，品質方針，計画，責任，権限）
- 資源の運用管理（資源の提供，人的資源，インフラストラクチャー，作業環境）
- 製品実現（製品実現計画，顧客関連，設計・開発，購買，製造及びサービス提供，監視機器及び測定機器の管理）
- 測定，分析及び改善（監視，測定，不適合製品の管理，データ分析，改善）

8.2.5 環境マネジメントシステム

環境マネジメントシステム（Environmental Management System，**EMS**）は，組織が自主的に環境保全に関する取り組みを進めるにあたり，環境に関す

る方針や目標を設定し，その達成のための体制や手続き等の枠組みである。

　EMS の満たすべき事項を定めた国際規格が ISO 14001 である。ISO 14001 は，つぎのような要求事項を含み，第三者機関による審査によって認証される。

- 環境方針と計画（環境側面，目的，実施計画）
- 実施及び運用（資源，役割，責任及び権限，力量，教育訓練及び自覚，コミュニケーション，文書管理，運用管理，緊急事態への準備及び対応）
- 点検（監視，測定，評価，不適合処置，予防処置，記録の管理，内部監査）
- マネジメントレビュー

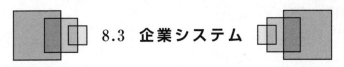

8.3　企業システム

8.3.1　ERP

　企業資源計画（Enterprise Resource Planning，**ERP**）は，企業における人材，資金，設備，資材，情報などの資源を統合的に管理し，業務の効率化を図る手法である。

　ERP を実践するソフトウェアとして「ERP パッケージ（統合基幹業務システム）」がある。企業では，従来，製造管理，営業管理，販売管理，人事管理などのデータ入力は，**図 8.1** のように，各部門で独立して行われており，それぞれの観点で情報収集されているデータには食い違いが生じ，他部門に情報

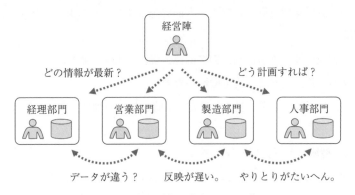

図 8.1　部門ごとの独立システム化

が反映されるのも遅い。経営陣にとっても，全体的な視点で業務やコストを最適化するのは難しかった。

それらを，**図8.2**のように，ERPパッケージによって統合化することで，タイムラグやデータ重複を抑えた効率のよい処理，リアルタイムな経営状況の把握，業務の連携力強化，人材や資源の最適配置計画など，統合的に経営計画を支援する処理が実現できる。

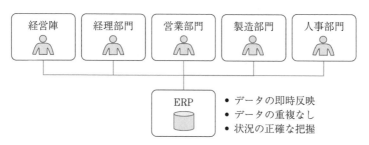

図8.2 ERPパッケージによる統合化システム

8.3.2 CRM

顧客関係管理（Customer Relationship Management，**CRM**）は，顧客データを管理し分析することで，顧客満足度を向上させ，顧客関係を構築する手法である。

CRMを実践するソフトウェアとして，顧客管理システムが挙げられる。これは，顧客の連絡先や商談内容といった顧客情報を管理し，メール配信や，営業チームでの情報共有，また，顧客からの問合せやクレーム内容を把握し，新

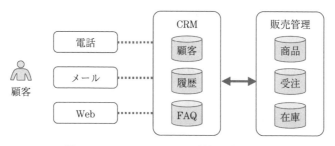

図8.3 CRMシステムによる情報の連携活用

たなビジネスにつなげるなど，顧客側および企業側の両方のメリットがある（図 8.3）。

8.3.3 SCM

サプライチェーンマネジメント（Supply Chain Management，**SCM**，**供給連鎖管理**）は，原料メーカー，製品メーカー，物流会社，販売店など，製品の供給連鎖上の企業間で受発注，在庫，販売情報などを共有することで，原料，部品，製品，流通の全体的な最適化を図る手法である。

図 8.4 に示すように SCM を情報システム化することで，原材料などの調達量の適正化，無駄な生産や在庫の解消，需要変動へのすばやい対応，流通の効率化，コストダウン，消費者情報の共有，消費者へのリアルタイムな納期回答などが実現できる。これによって，流通に関係する複数の企業間だけでなく，消費者も時間短縮や価格低下，在庫や納期情報の提供など，さまざまなメリットが得られる。

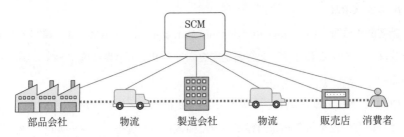

図 8.4 供給連鎖における最適化を実現する SCM システム

8.3.4 SLA

サービス水準合意（Service Level Agreement，**SLA**）は，情報サービスにおいて，提供者がサービスの内容や品質などについて保証し，利用者がそれらに合意するといった取り決めである。

対象となるサービス水準の項目としては，稼働時刻，稼働率，遅延時間，障害の定義，障害通知，バックアップ頻度などについて，**表 8.1** のように，具

表 8.1　SLA の例

（a）　品質項目の定義例

品質項目	意　味	測定方法・基準
稼働率	ネットワークが使用できる率	（1 か月の稼働時間 − 1 か月の故障時間）÷ 1 か月の稼働時間 × 100
故障回復時間	故障回復に要する時間	利用不能状態の発生を当社が知った時刻から再び利用できる時刻。
遅延時間	パケットが遅れて届く時間	区間ごとに 5 分間隔で測定用パケットを送信し，全区間の 1 か月間の平均値。
帯域保証	契約帯域に対する最低保障速度	下り通信における契約帯域の 20 %，上り通信における契約帯域の 10 % を保障。

（b）　料金返還率の例

品質項目	料金返還率			
稼働率	99.99% 以上 0%	99.8% 以上 1%	90% 以上 10%	90% 未満 50%
故障回復時間	1 時間未満 0%	2 時間未満 10%	4 時間未満 20%	48 時間以上 100%

体的な数値で示されている。また，保証する数値を満たさない場合の料金返還率なども含まれている。

 # 8.4　IT 職種と資格

8.4.1　アナリストとコンサルタント

IT サービス業において，**アナリスト**や**コンサルタント**は，システム開発における最上流の工程を担当し，顧客企業の現状と課題を分析し，システム化による解決策や情報戦略を企画提案する職種である。

アナリストやコンサルタントは，単に要求に応じた答えを提示するのではなく，顧客が気づかない要素も含め，総合的かつ専門的な分析力によって，企業の事業展開や競争力を見据え，説得力のある提案を行う。よって，豊富な経験と高度なスキルや分析力を持つ職種である。

8.4.2 SE とプログラマ

システムエンジニア（Systems Engineer, **SE**）は，システム開発における要求定義と設計を担当する。

要求定義は，顧客から要件を聞き出し，どんな機能や性能を実現するか，明確に定義したシステムの仕様書作成である。つぎに，仕様書に基づきシステム構成，入出力画面レイアウト，コード設計，データベース設計，プログラム構成，各プログラムの機能定義などの設計作業を行う。SE に求められる資質としては，顧客へのインタビュー能力，設計能力，文書化能力などである。

プログラマ（ProGrammer, **PG**）は，システム開発におけるプログラミング，テスト，デバッグなどを担当する。

SE より指示された設計書に従い，それを実現するプログラムを作成し，動作確認，デバッグなどを行う。プログラムの記述には，プログラム言語を用いて動作手順を組み立てていく。PG に求められる資質としては，プログラムを組み立てる論理的思考力，プログラミングスキル，プログラミング言語や新機能の知識とスキルを獲得する学習力などである。

8.4.3 プロジェクトマネージャ

プロジェクトマネージャ（Project Manager, **PM**）は，システム開発プロジェクト（複数の IT エンジニアによる共同開発作業）におけるチームの管理責任者である。

PM は，プロジェクト案件の納期，予算，内容から必要な人員を手配し，開発期間を計画し，進捗状況を管理する。PM に求められる資質としては，関連企業への連絡や依頼といったコミュニケーション力や手配力，計画力が挙げられ，変動する人材や日程に関して，交渉や調整も必要なスキルとなる。

8.4.4 IT スペシャリスト

IT スペシャリストには，**ネットワークエンジニア**，**データベースエンジニア**，**セキュリティエンジニア**，**サーバエンジニア**などがあり，各分野の専門的

スキルを持った高度なエンジニアである。

　各分野における設計，構築，運用などを担当する。特に，各分野を代表するソフトウェア製品やハードウェア製品に対し，実践的なスキルと経験を持ち，高性能で効果的なシステムの実現を支える。求められる資質としては，専門的スキル，ベンダー知識，設計力，分析力，解析力などが挙げられる。

8.4.5　サービスエンジニア

サービスエンジニアは，ハードウェアなどの保守（メンテナンス），故障対応，修理，システムのセットアップ作業などを担当する。

　サービスエンジニアが扱うものは機器類であり，それらの製品知識や診断技術などが必要となる。さらに，それらの利用者（エンドユーザ）の現場へ出向いて対応（オンサイトサービス）することが多いため，利用者から障害状況を聞き出す対話能力などが求められる資質である。

8.4.6　営 業 と 販 売

　営業職や販売職（**セールスエンジニア**）は，商品やサービスを契約するための窓口を担当する。

　営業職や販売職は，商談の中で，顧客やエンドユーザの要望や質問を聞き，製品やシステム，サービスに関する説明，運用上の留意点や効果について，契約前の情報提供を行う。そして，スムーズで間違いのない契約へと導くための知識力や明快な説得力，コミュニケーション能力などが求められる資質である。

8.4.7　国家資格とベンダー資格

　IT 系の国家資格として，「情報処理技術者試験」がある。これは「情報処理の促進に関する法律」に基づき経済産業省が，情報処理技術者としての「知識・技能」が一定以上の水準であることを認定する国家試験であり，つぎの試験区分がある。

- システム監査技術者試験
- **IT** サービスマネージャ試験
- 情報セキュリティスペシャリスト試験
- エンベデッドシステムスペシャリスト試験
- データベーススペシャリスト試験
- ネットワークスペシャリスト試験
- プロジェクトマネージャ試験
- システムアーキテクト試験
- **IT** ストラテジスト試験
- 応用情報技術者試験
- 基本情報技術者試験
- **IT** パスポート試験

　国が認定する国家資格のほかに，ソフトウェアやハードウェアの製造企業
（ベンダー）が認定する**ベンダー資格**がある。ベンダー資格試験は，各ベンダーの製品に特化した出題内容が特徴であり，以下におもなベンダー資格を挙げる。

- **ORACLE MASTER**（オラクル，データベース製品）
- **CCNA**（シスコ，ネットワーク製品）
- **Oracle 認定 Java プログラマ**（オラクル，Java 言語）
- **MCSE**（マイクロソフト，ソリューションエキスパート）
- **MCP**（マイクロソフト，ソフトウェア製品）
- **MTA**（マイクロソフト, OS ／セキュリティ／ネットワーク／データベース）

　さらに，特定のベンダーに特化しない中立の民間資格である**ベンダーニュートラル資格**などもあり，以下におもなものを挙げる。

- **LPIC**（Linux システム管理）
- **CompTIA Security+**（セキュリティ）
- **ITIL 認定資格**（IT サービスマネジメント）
- **UML モデリング技能認定**（UML 設計）

- **PMP**（プロジェクトマネジメント）
- **.com Master**（ネットワーク）
- **オープンソースデータベース技術者認定試験**（PostgreSQL データベース）
- **Android 技術者認定試験**（Android アプリケーション開発）

IT 業界において，国家資格取得は企業からの評価対象となり，待遇などに影響するケースもある。また，ベンダー資格，ベンダーニュートラル資格は，仕事作業に直結する内容なので，仕事とスキルを覚えるための各自の学習，あるいは社員研修の手段として取得を目標とするケースもある。

IT サービス産業は，他社からの受注や官公庁の入札などによって仕事を請け負う形態が多いが，それらの要件においても，資格取得者であることを条件とするケースもあり，技術信用度への客観的判断基準であるといえる。また，ベンダー資格およびベンダーニュートラル資格は，国際的にも認知度が高い。

なお，IT 系のこれらの資格は，免許証の性質は持たないので，無免許として法に触れることはない。反対に，IT の周辺領域である無線技術，電気工事，電気通信工事などは，業務にあたり免許証としての資格取得が求められる。

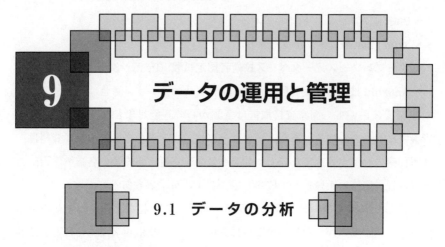

9 データの運用と管理

9.1 データの分析

9.1.1 基本統計量

基本統計量は，データ分析にあたって，統計分析の基礎となる代表的な統計量である。

図9.1は，あるデータについて，度数分布グラフおよび，基本統計量について，**Microsoft Excel**を用いて得たものである。各統計量について以下で簡単に説明する。これらは，Excelの関数式，あるいは，分析ツール（「ファイル」タブ→「オプション」→「アドイン」→「設定」で「分析ツール」を有効にし，「データ」タブ→「データ分析」→「基本統計量」）によって自動計算できる。

〔1〕 **平均**（AVERAGE 関数），**中央値**（MEDIAN 関数）

平均（average）は，データの合計を個数で割った値であるが，**中央値**（median）は，データを小さい順に並べたときの中央（順位が真ん中）の値で

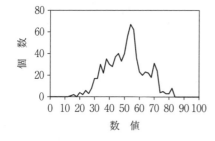

平均	50.53	尖度	−0.29
中央値	51.50	歪度	−0.03
最頻値	54.00	範囲	68
分散	162.74	最小	13
標準偏差	12.76	最大	81
標準誤差	0.46	標本数	760

図9.1 基本統計量

ある。両者は異なることが多く，データ分布の偏り方によって差がついていく。

〔2〕　**最頻値**（MODE 関数）

最頻値（mode）は，度数分布で最も頻度の高い値である。これは，おもに度数分布の各範囲のカウント数の最も高いものとなる。

〔3〕　**分散**（VARP 関数）

分散（variance）は，次式のように各データの平均値との差の2乗和平均で表される。

$$（データ－平均値）^2 の合計÷データ数$$

2乗しているので，平均値との差が負の値でも足して打ち消されることがない。データのばらつきを意味する。

〔4〕　**標準偏差**（STDEVP 関数）

標準偏差（standard deviation）は，分散の平方根である。分散は2乗してあるので，データや平均等と単位が異なることになって比較しにくいが，標準偏差は単位が同じになって，比較しやすい。これもデータのばらつきを意味する。

〔5〕　**標準誤差**

標準誤差（standard error）の意味としては，例えば繰り返し測定して得た複数の結果について，その平均値の標準偏差を求めたものが標準誤差である。これによって反復測定時の再現性のよさが測れる。また，標準誤差は推定によって計算する場合は，標準偏差をデータ数の平方根で割る。標準誤差をExcel で求めるには，STDEVP 関数÷SQRT 関数（COUNT 関数）のように数式を組み立てると計算できる。

〔6〕　**尖度**（KURT 関数）

尖度（kurtosis）は，分布グラフのとがり具合を意味し，正規分布を0として，それよりとがると尖度は正，反対は負の値となる。

〔7〕　**歪度**（SKEW 関数）

歪度（skewness）は，分布グラフの対称性を表す。グラフの山が左寄りなら正，右寄りなら負の値となる。

〔8〕 **範囲**（最小（min），MIN 関数，最大（max），MAX 関数）

範囲（range）は，データの最小値と最大値の間の距離を意味し，範囲を Excel で求めるには，MAX 関数 - MIN 関数の式で求めることができる。

〔9〕 **標本数**（COUNT 関数）

標本数（sample size）はデータ数である。

9.1.2 回 帰 分 析

線形回帰分析は，説明変数 x と被説明変数（目的変数）y の 2 変量について，片方の変数から他方を予測するための分析手法であり，関係性のある二つのデータ群をグラフにプロットしたとき，それらを直線（y = 傾き × x + 切片）で近似することができれば，直線によって連続的に任意の点が予測できる。

図 9.2 は，二つのデータ x と y の分布であり，Excel のアドインである「分析ツール」→「回帰分析」で得られた，切片，x（傾き）によって得られる回帰直線を重ねたものである。

また，Excel の回帰分析で得られる他の値では，重相関（**相関係数**）R は，二つのデータの関係性を表し，-1（負の相関）〜 0（相関弱し）〜 1（正の相関）をとり得る。重決定（決定係数）R^2 は，回帰直線の精度を表し，0（説明

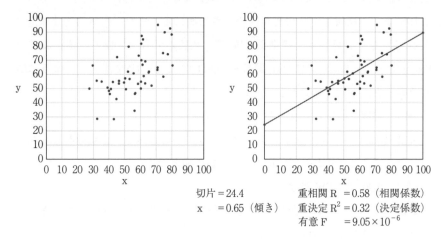

切片 = 24.4　　　　　重相関 R = 0.58（相関係数）
x　　= 0.65（傾き）　重決定 R^2 = 0.32（決定係数）
　　　　　　　　　　　有意 F　　= 9.05×10^{-6}

図 9.2 線形回帰分析

力低い）〜1（説明力高い）の値をとる。有意Fは，回帰直線の有意性を表し，0.05（有意水準5%）以下なら，回帰直線による予測値が意味のあるものとされる。

Excelには相関係数を求めるCORREL関数（PEASON関数も同じ）があり，2群のデータ範囲を与えると相関係数が返される。一般に，相関係数の値からつぎのように相関関係が判定できる。

0.7<| r |≦1.0 … 強い相関あり　　　　　　　　　| |は絶対値

0.4<| r |≦0.7 … やや相関あり

0.2<| r |≦0.4 … 弱い相関あり

0.0≦| r |≦0.2 … ほとんど相関なし

9.1.3　ロジスティック回帰分析

回帰分析において，目的変数が有か無，YesかNo，0か1といった2値データの場合に対し，**ロジスティック曲線**（S字カーブ，$f(x) = 1/\{1+\exp(a-bx)\}$）を用いて，確率を予測するモデルがロジスティック回帰分析である。

例えば，Webページのユーザの過去1週間の閲覧回数（説明変数）とページ上の商品の購入有無（目的変数）のデータがあった場合，それらをプロットすると0（購入せず）か1（購入した）となる。このデータをもとに，ロジスティック回帰曲線を求めてグラフに追加してみると，**図9.3**のようになる。

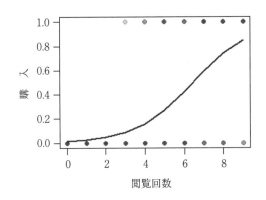

図9.3 ロジスティック曲線（Web 閲覧回数による購入予測）

なお，このグラフは，統計用のオープンソースフリーソフトウェアである**R言語**を用いて，つぎのような入力により作成した。

```
d <- read.csv("E:¥¥data.csv")
d.glm <- glm( 購入〜閲覧回数 , data=d, family=binomial)
plot(d,col=rgb(1,0,0,0.2),pch=19)
lines(d$ 閲覧回数 , fitted(d.glm), col=rgb(0,0,1), lwd=2)
```

（参考）　R 言語：R-3.6.3 for Windows, https://cran.r-project.org/bin/windows/base/

9.1.4 アクセスログの解析

システムの各種**アクセスログ**は，記録として日々蓄積されるが，そこから状況を分析するためにログ解析を行う。**図9.4**は，Web サーバのアクセスログ

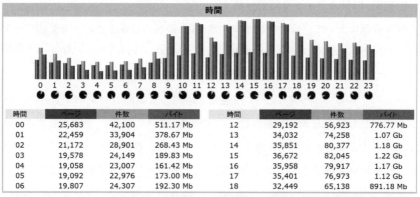

時間	ページ	件数	バイト		時間	ページ	件数	バイト
00	25,683	42,100	511.17 Mb		12	29,192	56,923	776.77 Mb
01	22,459	33,904	378.67 Mb		13	34,032	74,258	1.07 Gb
02	21,172	28,901	268.43 Mb		14	35,851	80,377	1.18 Gb
03	19,578	24,149	189.83 Mb		15	36,672	82,045	1.22 Gb
04	19,058	23,007	161.42 Mb		16	35,958	79,917	1.17 Gb
05	19,092	22,976	173.00 Mb		17	35,401	76,973	1.12 Gb
06	19,807	24,307	192.30 Mb		18	32,449	65,138	891.18 Mb

オペレーティングシステム (トップ 10)

オペレーティングシステム	件数	パーセント
Windows	1,054,385	84.6 %
Macintosh	83,141	6.6 %
Linux	68,838	5.5 %
iOS	31,090	2.4 %
不明	7,616	0.6 %
BSD	220	0 %
Java	25	0 %
Unknown Unix system	48	0 %
Sun Solaris	43	0 %
Java Mobile	2	0 %
その他	5	0 %

ブラウザ (トップ 10)

ブラウザ	件数	パーセント
MS Internet Explorer	463,410	37.2 %
Google Chrome	382,616	30.7 %
Firefox	262,456	21 %
Opera	40,440	3.2 %
Safari	62,623	5 %
Mozilla	18,778	1.5 %
不明	5,542	0.4 %
Android browser (PDA/Phone browser)	7,195	0.5 %
Netscape	1,225	0 %
IPhone (PDA/Phone browser)	500	0 %

図9.4　Web アクセスログの解析

の解析例である。アクセスログ解析では，例えば，以下のような集計結果をランキングやグラフチャートとして可視化することができる。

- 月ごと，日ごと，時間ごとのアクセス状況
- アクセスしてきた **OS** 種別とバージョン，ブラウザ種別とバージョン
- アクセスしてきた国，サイト，アクセスした**参照ページ**

9.2　情報のコード化

9.2.1　コード化の種類

　情報をシステムによって処理する際，商品，顧客，受注などの情報をコード化して扱うことが多い。コード化することで，そのものを短い表現スタイルで一意（重複するものがないこと）に表し，意味を表す字句を含めたり，並べ替えなどの機能性を持たせたり，さらには，他のデータとの照合や連携（データベースにおけるリレーション）が可能になる。コード化の種類をつぎに挙げる。

〔1〕　**連番コード（シーケンスコード）**

連続した数値で表される。

　例：　JIS 都道府県コード　…　01 北海道，02 青森県，03 岩手県

〔2〕　**区分コード（ブロックコード）**

コードがいくつかの部分（区分）から成り，各部分内で連番になっている。

　例：　JIS 市町村コード　…　<u>01</u> <u>101</u> 札幌市中央区，<u>01</u> <u>102</u> 札幌市北区

〔3〕　**桁別コード（ブロックシーケンスコード）**

各桁に意味を持たせ，連番をつけたもの。

　例：　厚生労働省編職業分類

　　　　大分類：A 管理的職業，B 専門的・技術的職業

　　　　中分類：09 建築・土木・測量技術者，10 情報処理・通信技術者

　　　　小分類：（中分類＋数字 1 桁）

　　　　　　　091 建築技術者，092 土木技術者，093 測量技術者，

　　　　　　　101 システムコンサルタント，102 システム設計技術者，

〔4〕 **表意コード（ニーモニックコード）**

内容がある程度わかるよう略号など使ったもの。

例： ディスクメディア

　　　BR50T20（B：Blu-ray，R：BD-R，50：50GB，20：20枚組）

〔5〕 **合成コード（コンバインコード）**

以上のコード化方法を組み合わせたコード。

9.2.2 JAN コード

JAN（Japanese Article Number）**コード**は，商品識別コードの JIS 規格であり，国内で広く用いられている。

JAN コードは，**図9.5**のように，国，メーカー，商品を識別する番号および**チェックディジット**から構成される。チェックディジットは，コードをもとに一定の計算方法により得られた数字であり，これには，コードの入力ミスを検出するための機能がある。

チェックディジットは，**図9.6**のように計算される。もし，データ入力の

図9.5 JAN コードの構成

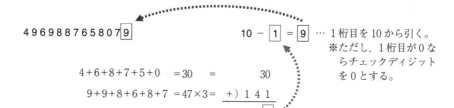

図9.6 チェックディジットの計算

際にコード内の数字をどこか間違えて入力した場合，入力されたコードをシステムによって再計算してみて，チェックディジットと比較する。両者が異なれば入力ミスであることが検出できる。

9.2.3 ISBN コード

国際標準図書番号（International Standard Book Number，**ISBN**）は，書籍を識別する世界共通のコードである。

ISBN コードは，**図9.7**のように，国，出版社，書名を識別する番号およびチェックディジットから構成される。現在，ISBN コードの数字部分は 13 桁であるが，旧規格（2006 年まで）は 10 桁であり，区別するため ISBN-10 と呼ばれている。相違点は，「978」の有無と，それによるチェックディジット値が異なることである。

日本図書コードは，書籍の裏面に表示されており，書籍の分類と価格情報を含む表記方法である。これは，**図9.8**のように，ISBN コードの下に，分類

図9.7 ISBN コードの構成

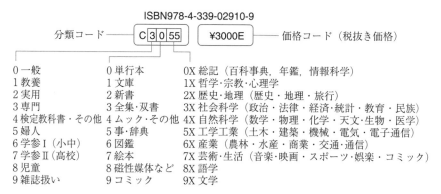

図9.8 日本図書コードの構成

コード，価格コードを付加したものである。

9.2.4 バーコード

バーコードは，線の太さにより文字（数字）を読み取ることができる画像
コードである。

バーコードリーダは，バーコードを読み取ることができ，システムから見た
場合，ちょうどキーボードとして機能し，文字情報を入力する入力装置であ
る。**図9.9**はJANコードをバーコード化した例である。

図9.9 JANコードによる
バーコード例

バーコードにはいくつかの規格があり，その中の**GS 1-128**は，流通，製
造，物流，サービス分野における商品関連情報をコード化したものである。

GS 1-128では，**図9.10**のように，JANコードによる商品の識別情報のほか
に，有効期限による日付情報，数量情報，ロットナンバー情報などを含み，在
庫管理における機能性を兼ね備えている。例えば，日付の古い順から出荷した
り，箱を開けずに個数などを把握したり，バーコードリーダをあてるだけで，
在庫管理がスムーズに行える。また，つぎに挙げるように，いろいろな業界に
おいて，製品管理，トレーサビリティ，表現統一化などの目的で利用されている。

- 医療材料業界では，統一商品コードとしてJANコード，印刷表示として
GS 1-128バーコードを採用。

図9.10 GS 1-128によるバーコード例

- 食肉業界では,「国産牛肉トレーサビリティ法」が施行され, 標準物流ラベルとして, メーカーと卸売業間, 卸売業と小売業間でGS 1-128 バーコードを利用。
- コンビニエンスストアの公共料金等の代理収納では, GS 1-128 バーコード表示の振込票を使用するシステムを導入。

9.2.5　QR コ ー ド

QR コード（Quick Response Code）は高速読み取りが可能な2次元コードである。バーコードのように専用のレーザー光リーダなどは使わず, 携帯端末搭載のカメラ機能で読み取りができる。小さな印字スペースで情報量が多く, 破損などによる誤り訂正機能を有するため, インターネットの URL などを QR コードで正確に読み取り, すぐに Web アクセスするなど実用性が高い。

図 9.11 の QR コード例は, 広く使用されているモデル 2, バージョン 4（33 × 33 セル）形式である。この例では誤り訂正レベル L を用いて URL を表しており, 英数字で最大 114 字まで表現できる。このようにセル数や誤り訂正レベルなどを自由に選択でき, 最大情報量では, 数字 7,089 字, 英数字 4,296 字, 漢字 1,817 字が表現でき, 誤り訂正レベルでは, L＝7％, M＝15％, Q＝25％, H＝30％の復元能力を持つ。コーナーにある三つのファインダパターンによって, 位置・傾き・大きさを高速検出する仕組みである。さらにモデル 2 では, 右下にあるアライメントパターンによってコードが歪んだ状態でも読み取りができる。

図 9.11　QR コード
（https://www.coronasha.co.jp/）

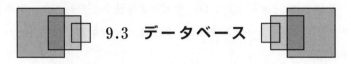

9.3　データベース

9.3.1　データベース管理システム

データベース管理システム（DataBase Management System，**DBMS**）は，データベースを構築，運用，管理するソフトウェアである。

DBMS は **RDBMS**（Relational DataBase Management System）を指す場合がほとんどであり，複数のテーブル（表形式データ）とそれらの関係（**リレーション**）でデータを表現する形式のデータベースである。また，データベースサーバというのは，DBMS あるいはそれが稼働するマシンのことである。

DBMS は，メーカー製品（Oracle Database，Microsoft SQL Server，IBM DB2 など）から，オープンソース（MySQL，MariaDB，PostgreSQL など）までさまざまなものが，あらゆる企業の情報システムに導入されており，データ処理と管理になくてはならない構成要素である。DBMS には，単にデータを保存，検索する機能だけでなく，いくつか有益なメリットがある。以下におもなものを挙げる。

〔1〕　**原 子 性**　　複数の処理手順をひとまとめにし，すべてが実行されるか，すべてが実行されないかの二通りとし，決して途中状態で終わることがないよう動作することである。例えば，A 銀行から 100 万円引き出す手順 1，B 銀行へ 100 万円入金する手順 2 から成る処理がある場合，手順 1 が実行され，手順 2 が実行されない途中状態で終了してしまうと，100 万円が宙に消えてしまう。

〔2〕　**データ同時実行性**　　複数のユーザが同時にデータにアクセスできることである。Web サーバなどは複数ユーザの同時アクセスを前提としており，そのようなシステムにデータベースを利用する際，データを書き換えている途中で，別の利用者による書き換え処理が発生しても，先の処理が終わるまでデータをロックするなど，処理を排他制御（ある処理が使用しているときは，他の処理での使用を禁止）する。

〔3〕 **一貫性（整合性）**   複数のデータ間で，コードを介した関係に矛盾がないことである。例えば，商品データと受注データにおいて，商品コードで両者が結びついている場合，受注データにある商品コードが商品データに存在しなければ，何を注文されたのか不明となってしまう。

〔4〕 **セキュリティ**   ユーザ，権限によって，データを管理できること。OS のファイルシステムのように，どのユーザに対し，どのデータに作成，変更，追加，削除，更新といった操作の権限を与えるかを制御できる。さらに，ネットワーク経由でアクセスできるマシンを制限するなど，DBMS 自体がセキュリティ機能を持っている。

〔5〕 **障 害 復 旧**   サーバの停止やシステム障害により，不意にDBMSが停止されても，復旧できる手段を持つこと。これには，データを障害前に戻すロールバック機能，障害後に処理を再開して完結させるロールフォワード機能，それらに必要となる処理の履歴（**ジャーナルファイル**）の記録機能などが備えられている。

〔6〕 **データベース言語**   **SQL** 言語によって，データの操作ができるので，処理の自動化や他のプログラミング言語からの連携ができ，データベースを使った柔軟なアプリケーション開発が実現できる。

9.3.2 データベースの構造と設計

データベースソフトウェアの **Microsoft Access** を用いて，以下の〔1〕～〔6〕の手順により，実際にデータベースを作成し操作することで，データベースの構造を理解する。

〔1〕 **Access を起動してデータベースを作成する**（図 9.12）

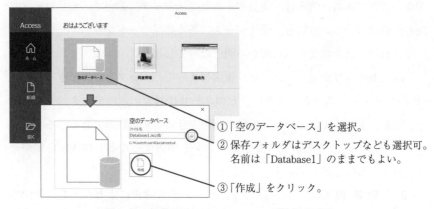

① 「空のデータベース」を選択。

② 保存フォルダはデスクトップなども選択可。
名前は「Database1」のままでもよい。

③ 「作成」をクリック。

図 9.12 起動画面とデータベースの新規作成画面

〔2〕 **テーブルを作成する**（図 9.13）

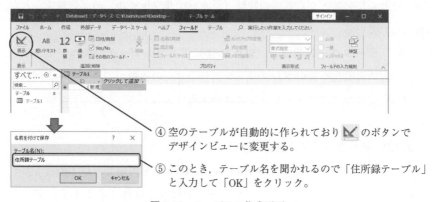

④ 空のテーブルが自動的に作られており ⬚ のボタンで
デザインビューに変更する。

⑤ このとき，テーブル名を聞かれるので「住所録テーブル」
と入力して「OK」をクリック。

図 9.13 テーブルの作成画面

〔3〕 テーブルを設計する（図9.14）

⑥フィールド名は「ID」の下に「氏名」，「住所」，「メール」を追加入力する。

フィールド名	データ型
ID	オートナンバー型
氏名	短いテキスト
住所	短いテキスト
メール	短いテキスト

⑦追加したら × ボタンでテーブルを閉じる。
（変更保存するか聞かれるので「はい」を選択。）

図9.14 テーブルの設計画面

〔4〕 フォームを作成する（図9.15）

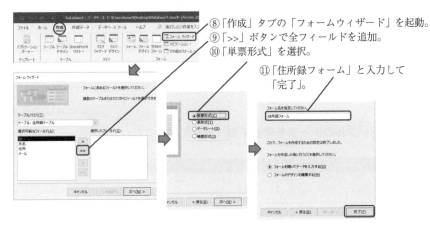

⑧「作成」タブの「フォームウィザード」を起動。
⑨「>>」ボタンで全フィールドを追加。
⑩「単票形式」を選択。
⑪「住所録フォーム」と入力して「完了」。

図9.15 フォームの作成画面

〔5〕 フォームでデータ入力してみる（図9.16）

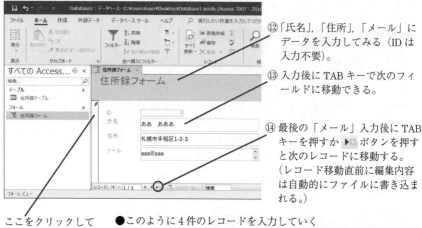

⑫「氏名」，「住所」，「メール」に
データを入力してみる（ID は
入力不要）。

⑬ 入力後に TAB キーで次のフィ
ールドに移動できる。

⑭ 最後の「メール」入力後に TAB
キーを押すか ▶ ボタンを押す
と次のレコードに移動する。
（レコード移動直前に編集内容
は自動的にファイルに書き込ま
れる。）

ここをクリックして
マークが✐から▶に
変われば，編集内容
がファイルに書き込
まれたことになる。

●このように4件のレコードを入力していく

氏名	住所	メール
ああ　あああ	札幌市手稲区 1-2-3	aaa@aaa
いい　いいい	札幌市手稲区 3-4-5	bbb@bbb
うう　ううう	札幌市西区 1-2-3	ccc@ccc
ええ　えええ	札幌市西区 3-4-5	ddd@ddd

図9.16　フォームの入力画面

〔6〕 テーブルのデータを確認する（図9.17）

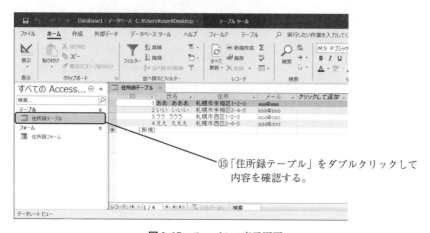

⑮「住所録テーブル」をダブルクリックして
内容を確認する。

図9.17　テーブルの表示画面

　ここまでの作業によって，データベース，テーブル，フォームが作成され，**図9.18**のような構造になっている。

データベース「Database1.accdb」

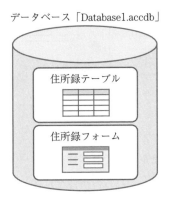

図9.18　*データベース内に
作られたオブジェクト*

　テーブル（表）は，データの格納領域であり，表形式スタイルをとる。氏名や住所などの各項目の**フィールド名**や，**データ型**（テキスト，数値などの種類や桁数）を決めてテーブルを構成する。これがテーブルの設計である。

　フォーム（入力画面）は，ユーザインタフェースとなるものである。フォームはテーブルに連結しており，フォームに入力されたデータは，テーブルに格納される。

9.3.3　テーブルとクエリ

　データベースは，テーブル，フォームといったオブジェクトで構成される。さらに，**クエリ**は，テーブルから一定の条件によってデータを絞り込んだ表示（抽出）や，一定条件に該当するデータを削除，更新する機能を持つ。

　図9.19のように，テーブルは，行（横1行のデータ，レコードとも呼ぶ）と列（縦1列の項目，フィールドとも呼ぶ）で構成され，クエリはテーブルから，一定の条件によって，必要な行，必要な列に絞り込んでデータ抽出を行う。抽出機能を活用することで，利用者は，複雑なフィールドで構成される大

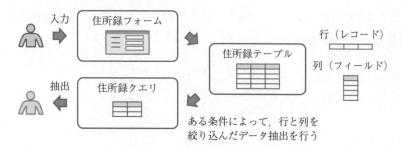

図9.19　クエリによるテーブルからのデータ抽出

量のレコードから，ほしいデータのみを取得することができる。さらに，クエ
リには，結果をどのようなルールで並べ替え（ソート）するかも設定すること
ができる。クエリの実体は，それらの条件を定義した情報である。

　引き続き，Microsoft Access を用い，以下の〔1〕～〔3〕の手順によっ
て，実際にクエリを作成し，データ抽出について理解する。

〔1〕　**クエリを作成する**（**図9.20**）

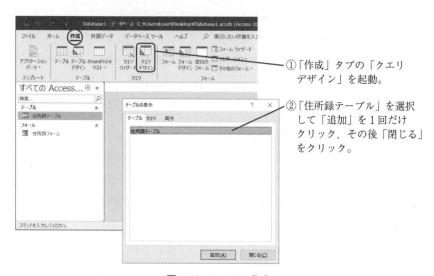

図9.20　クエリの作成

〔2〕 抽出条件の設定（図9.21）

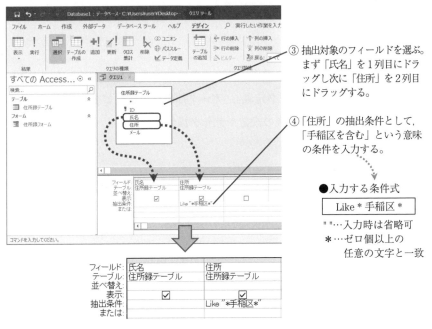

③ 抽出対象のフィールドを選ぶ。まず「氏名」を1列目にドラッグし次に「住所」を2列目にドラッグする。

④「住所」の抽出条件として，「手稲区を含む」という意味の条件を入力する。

●入力する条件式

Like＊手稲区＊

" "…入力時は省略可
＊…ゼロ個以上の任意の文字と一致

フィールド:	氏名	住所
テーブル:	住所録テーブル	住所録テーブル
並べ替え:		
表示:	☑	☑
抽出条件:		Like "＊手稲区＊"
または:		

図9.21　デザインビューによる抽出条件の設定

〔3〕 抽出結果の表示（図9.22）

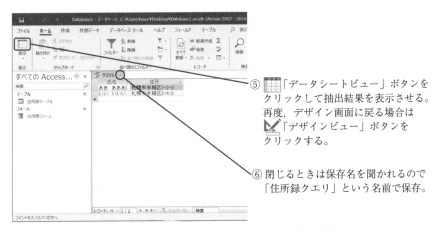

⑤ 「データシートビュー」ボタンをクリックして抽出結果を表示させる。再度，デザイン画面に戻る場合は「デザインビュー」ボタンをクリックする。

⑥ 閉じるときは保存名を聞かれるので「住所録クエリ」という名前で保存。

図9.22　データシートビューによる抽出結果の表示

このクエリは，閉じる際に「住所録クエリ」と名づけて保存すれば，いつでもデータ抽出や条件の変更などが行える。

9.3.4　SQL

SQL は，データベースを操作するための標準言語である。SQL には，テーブルなどを作成する「データ定義」，データ抽出や更新などを行う「データ操作」（**図9.23**），アクセス権の設定やデータ操作を元に戻す「データ制御」の機能で構成される。

SELECT フィールド名，フィールド名...　　… 表示対象のフィールド（＊で全フィールド）
　　FROM テーブル名　　　　　　　　　　… 対象テーブル
　　WHERE 条件式　　　　　　　　　　　… 抽出条件（AND，OR，NOT など使用可）
　　ORDER BY フィールド名　　　　　　　… 並べ替えの基準となるフィールド
　　　　　　　　　　　　　　　　　　　　　　（最後に DESC を付けると降順になる。）

図 9.23　SQL 文の一つである SELECT 句の一般形

Microsoft Access では，SQL によるデータ抽出ができる。以下の〔1〕，〔2〕の手順で SQL を直接記述して，データベースの言語機能を理解する。

〔1〕　空のクエリの作成（**図9.24**）

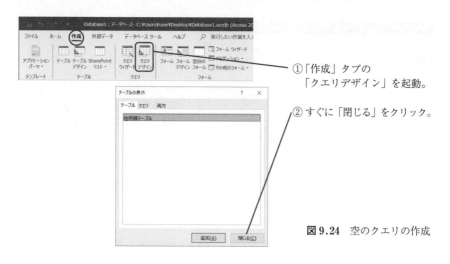

①「作成」タブの
　「クエリデザイン」を起動。

②すぐに「閉じる」をクリック。

図 9.24　空のクエリの作成

〔2〕 **SQL 文の記述**（図 9.25）

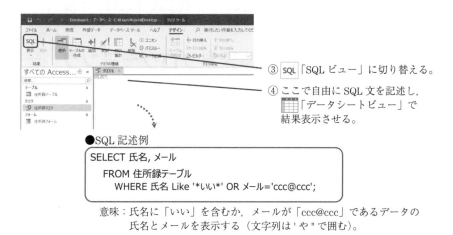

③ SQL 「SQL ビュー」に切り替える。

④ ここで自由に SQL 文を記述し，「データシートビュー」で結果表示させる。

●SQL 記述例

> SELECT 氏名, メール
> 　FROM 住所録テーブル
> 　　WHERE 氏名 Like '*いい*' OR メール='ccc@ccc';

意味：氏名に「いい」を含むか，メールが「ccc@ccc」であるデータの氏名とメールを表示する（文字列は ' や " で囲む）。

図 9.25 SQL ビューによる SQL 文の記述

9.3.5　データ管理とリスク管理

SQL 文には，データ内容を変更してしまう DELETE 句や UPDATE 句などがあるが，データベースの誤操作は企業へ損害を与えることになるので，リスクを回避するためにも，これらを使う SQL や更新系のクエリの実行では，事前にデータベースをバックアップしておくことが安全対策の基本となる。

また，情報流出防止の観点において，データベースの保存先フォルダや，データベース内のテーブルなどへのアクセス権の設定が必須である。さらにバックアップデータのセキュリティ確保も重要である。そして，一連の管理内容を組織的にチェックする体制を構築してリスクを排除する。

クエリや SQL における条件抽出では，AND，OR，NOT などを用いた複合条件を使うので，データ管理を安全かつ的確に遂行するためにも，論理演算の理解や，いろいろなテーマによる論理的思考の訓練が有効である。

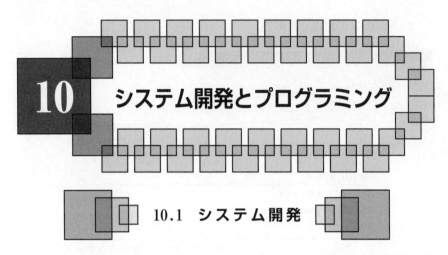

10　システム開発とプログラミング

10.1　システム開発

　システム開発では，複数のエンジニアが役割分担して計画的に開発作業を進める。開発の進め方については，いくつかの開発手法（**開発モデル**）があり，おもなものを説明する。

　〔1〕　**ウォーターフォールモデル**　　大規模システム開発向けの一般的な手法であり，作業工程を時系列に分け，**図 10.1** のように，（上流の）工程が完了してから，つぎにある（下流の）工程へと，各段階の成果物を明確に作成し

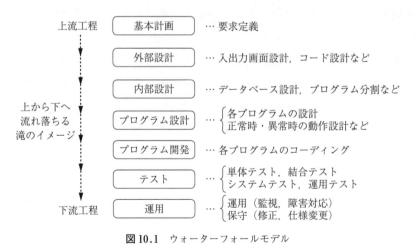

図 10.1　ウォーターフォールモデル

ながら工程を進めることで，進捗管理もしやすい。欠点として，逆戻りする場合は，やり直しが発生し，開発期間に大きな影響が出る。それは，早い段階でユーザがシステムを動作確認できないことからも，そういった仕様変更の可能性がある。

〔2〕**プロトタイピングモデル**　　プロトタイピングモデルは，完全な動作はしないものの，入出力画面や操作性などが具体的に確認できるシステムの試作品（**プロトタイプ**）を開発してから，仕様を決めていく手法である。

ウォーターフォールモデルと異なり，ユーザによって早い段階でシステムを検証することができ，仕様変更などにも対応しやすいメリットがある。

〔3〕**スパイラルモデル**　　スパイラルモデルは，プロトタイピングを繰り返していく手法であり，各プロトタイピングの工程内容は，ウォーターフォールモデルを用いる。

ユーザによるシステムの動作検証は，ウォーターフォールモデルでは最終段階までできない。また，プロトタイピングモデルでは，外観が確認できるが動作を十分に検証することはできない。スパイラルモデルでは，その都度ユーザがシステムを検証でき，仕様を修正しながら，よりユーザの望む形や，良質のシステムに完成させていくことが可能である。

〔4〕**アジャイルモデル**　　アジャイルモデルは，より迅速に適応的にシステムを開発する手法である。その実現方法として，例えば，エンジニアとユーザによる少数精鋭のチームにより，まず重要な部分から優先的に着手することで，短期間で動作，確認できるシステムができあがり，それを繰り返すことで完成度を上げていく。

スパイラルモデルと形態が似ているが，スパイラルモデルがウォーターフォールモデルのルールを守り，計画や手順を重視した開発スタイルであるのに対し，アジャイルモデルは，機能や成果を重視し，なおかつ後戻りによるペナルティが少ないスタイルである。言い換えれば，最初の計画どおりに進めるよりも，開発中に発見される重要な変化に優先的に対応し，重要な機能をすばやく完成させることを重視している。

　以上のようなシステム開発モデルでは，開発側の力だけで良質なシステムが完成するのではなく，ユーザ側，すなわちシステム開発の委託元である利用者の関与が重要であることがわかる。ユーザ側の担当者が，企業の業務形態の現状と問題点を明確に把握し，要請しなければ，十分な成果が期待できないばかりでなく，失敗する可能性さえある。あとになっての仕様変更の依頼は，何にどれだけ影響するのか，開発開始前に，ユーザ側で理解しておくべきである。

 ## 10.2　プログラミング言語

10.2.1　プログラミング言語の分類

　ソフトウェアを作成するためには，プログラミング言語を用いる。これは，大きく分けると**表10.1**のようになる。

表10.1　プログラミング言語の大分類

大分類	プログラミング言語の例
低水準言語	アセンブリ言語　ARB アセンブリ言語　機械語（CPU ごと）
高水準言語	Java　JavaScript　TypeScript　JSP　C 言語　C++　C#　F#　Objective-C　Go　Swift　Kotlin　Visual Basic　VBA　PHP　Perl　Python　Rust　Ruby　Scala　LISP　Haskell　Erlang　OCaml　COBOL　HLSL　GLSL　Cg

　低水準言語は，CPU や GPU などのマイクロプロセッサの命令機能に，ほぼ1対1対応した命令語で構成され，プロセッサ内のレジスタや演算装置をどのように使用するか，低レベル（機械寄り，機械向け）の記述ができる。

　高水準言語は，人が見て扱いやすい高レベル（人間向け）の記述ができ，低水準言語に比べて，開発生産性やデバッグの容易さが高く，言語の習得もしやすい。現在，組込み開発や OS 開発，デバイスドライバ開発を除き，ほとんどのソフトウェア開発に高水準言語が使用されている。

　高水準言語は，**表10.2**のように，系統的に分類される。中には，「関数指向」や「オブジェクト指向」といった，ある特性を重視して言語スタイルが設計されているものも多い。また，高水準言語は汎用性が高く，さまざまな目的

表10.2　高水準言語のおもな分類

高水準言語の分類	プログラミング言語の例				特　徴
手続型言語 （命令型言語）	C言語 Go COBOL		Python Rust		最も基本的なスタイル。逐次処理，分岐処理，繰り返し処理が基本。
関数型言語	LISP Haskell Erlang	Scala Swift OCaml F# C#			柔軟な記述，安全な処理，並列処理，複雑なデータをシンプルに処理できる再帰処理などが特徴。
オブジェクト指向型言語	Java Kotlin C++ Objective-C Visual Basic				プログラムやデータを「もの」（オブジェクト）として扱い，まとまりがよく，再利用性が高いため，開発生産性がよく，大規模なシステムにも向く。
スクリプト言語	JavaScript TypeScript JSP PHP VBA Perl			Ruby	他のプログラミング言語よりも機能性は低いが，簡易に記述でき，OSの自動化処理や，Officeなどのソフトウェアの操作を自動化できる。VBAはマクロ言語とも呼ばれる。
シェーディング言語	HLSL GLSL Cg				GPU（Graphics Processing Unit）の処理を記述する言語であり，3Dグラフィックスや並列演算などに使用される。

のためのソフトウェア開発に使用できる。実際に，どの言語を選択して開発するかは，言語のどんな性質を重視するのか，環境や制約，修得技術者の有無などによってケースバイケースである。

10.2.2　その他の言語

プログラミング言語以外のコンピュータにかかわる言語をいくつか**表10.3**に挙げる。

表10.3　その他の言語の例

言　語	用　途
HTML	Webページ記述用のマークアップ言語。文章の構造や修飾を記述でき，CSSと併用することで細部のデザイン調整などができる。

表 10.3　（続き）

言　語	用　　途
XML	汎用的なデータ記述用のマークアップ言語。文書やデータの意味や構造を記述でき，ソフトウェアのデータ保存形式や通信データ形式などに活用される。
XAML	XML 文法を用い，ソフトウェアのグラフィカルユーザインタフェース（GUI）を記述する言語。Office に採用されているリボンインタフェースなども XAML で作成できる。
SQL	リレーショナルデータベースの操作用言語。さまざまなプログラミング言語に埋め込んで使用でき，各プログラムからデータベース処理を実行できる。
HDL	半導体チップの回路設計用のハードウェア記述言語。回路の配線や構成，動作条件などを記述でき，回路シミュレーションにも活用できる。
BNF	言語などの文法定義を表現するための言語（メタ言語）。プログラミング言語や，通信プロトコルのデータ表現などの文法規則を厳密に書き表すことができる。
R	統計解析に特化したプログラミング言語とその開発実行環境である。各種統計計算，多変量解析，グラフ化などの機能によってさまざまなデータ分析に活用されている。
MATLAB	数値解析に特化したソフトウェアで科学技術計算向きプログラミング言語機能を持つ。行列・ベクトル演算，グラフ化，数式処理などに対応し幅広い分野で利用されている。

　これらは，プログラミング言語に比べて，条件判断，反復処理，関数など高度な制御機能や汎用性を持たないものが多く，特定の用途に使用される専用の言語である。

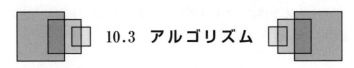

10.3　アルゴリズム

10.3.1　構造化プログラミング

　プログラムでは，「ジャンプ命令（GoTo 文）」を用いれば，自由自在にプログラムの現在実行している場所を移動させ，動作を制御することができる。しかし，この命令を多用すると，プログラムの流れが複雑化し，大規模化するにしたがって，追跡がたいへんとなり，デバッグしにくくなり，開発困難になる。

　構造化プログラミングでは，GoTo 文を使うことを排除し，**図 10.2** のような「順次」，「分岐」，「反復」の三つの基本構造の組合せによって，プログラム

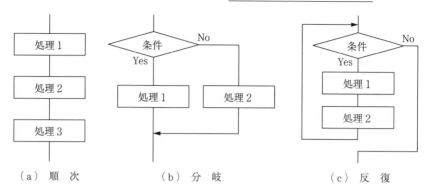

図10.2　構造化プログラミングの基本3構造

構造を構築する。これらの基本構造のほかにも，「関数」や「オブジェクト」の機能を使ってプログラムを部品のように独立化し，システムの開発生産性を向上させることができる。

10.3.2　アルゴリズムの例

　図10.2の表現は，**流れ図（フローチャート）** と呼ばれ，プログラムの処理手順（**アルゴリズム**）を図示するための技法でもある。プログラムは，これらの基本構造の組合せで構築できるので，したがってフローチャートも，これらの基本3パターンの図の組合せで作ることができる。

　アルゴリズムは文章や，疑似言語（プログラミング言語に似せた表現），フローチャートなどで書き表すことができる。アルゴリズムの例を挙げてみると，カレンダーには2月29日が存在する閏年というものがあるが，閏年は，西暦が4で割り切れて100で割り切れない年，または400で割り切れる年である。これをつぎのようにアルゴリズムとして表現し，さらにフローチャートで表すと**図10.3**のようになる。

〔1〕　**閏年の判定**

「西暦が4で割り切れて100で割り切れない年，または400で割り切れる年」

〔2〕　**閏年の判定アルゴリズム**

① もし西暦yが400の倍数ならば「閏年」とする。さもなくば ② へ進む。

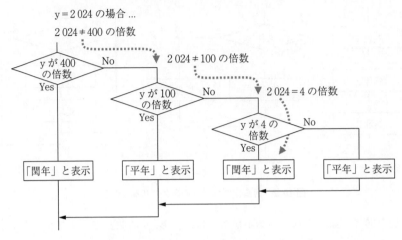

図10.3　閏年判定アルゴリズムのフローチャート

② もし西暦yが100の倍数ならば「平年」とする。さもなくば③へ進む。

③ もし西暦yが4の倍数ならば「閏年」とする。さもなくば「平年」とする。

　われわれは文章で閏年の判定を説明できるが，あいまいさを含むことが多い。処理手順を構築するために，アルゴリズムは，処理手順をあいまいさのない明確な表現で記述するものであり，読む人によって異なる処理手順に解釈されることはない。このようなアルゴリズムを考えるためには，論理的思考力が求められる。

　つぎのアルゴリズム例は，**逐次探索アルゴリズム**と**二分探索アルゴリズム**である。どちらも代表的なデータ探索手法であり，二分探索はデータ数が多くなっても，探索処理が高速である。これらのアルゴリズムにおいて，**図10.4**

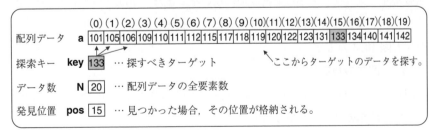

図10.4　探索アルゴリズムにおけるデータ構造

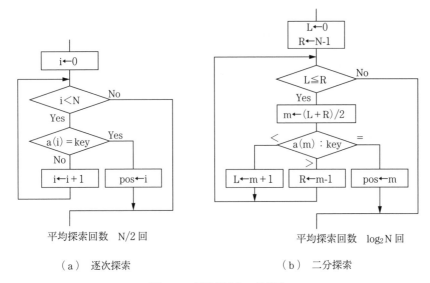

平均探索回数　N/2 回

平均探索回数　log₂N 回

（a）　逐次探索 （b）　二分探索

図 10.5　逐次探索と二分探索

のようなデータ構造および変数（データを格納する場所）を用いた場合，各アルゴリズムのフローチャートを**図 10.5**に示す。

〔3〕　**逐次探索アルゴリズム**

① i を 0 に初期化する。

② もし i < N でなければ終了。さもなくば ③ へ。

③ もし a(i) が key と等しければ，i を pos に代入して終了。さもなくば ④ へ。

④ i を 1 増加させ ② へ。

〔4〕　**二分探索アルゴリズム**

① L を 0 に，R を N−1 に初期化する。

② もし L≦R でなければ終了。さもなくば ③ へ。

③ L と R の中間値（端数切り捨て）を m に代入する。

④ もし a(m) < key ならば，m+1 を L に代入して ② へ。さもなくば ⑤ へ。

⑤ もし a(m) > key ならば，m−1 を R に代入して ② へ。さもなくば ⑥ へ。

⑥ m を pos に代入して終了（a(m) が key と等しい場合）。

これらの探索アルゴリズムでは，検索対象のデータには，数値，文字列など
が適用できる。ただし，二分探索では，データがあらかじめ昇順（小さい順，
アルファベット順，アイウエオ順）などに並べ替えられていなければならない。

実際にどのように処理が進むのか，図10.4の場合において，変数の値に着
目して追跡してみる。二分探索アルゴリズムの③でmに代入した直後の各変
数の値を**表10.4**に示す。この結果では探索回数（繰返し回数）は4回となる。

表10.4　変数の値の変化

繰返し回数	L	m	R	a(m)	a(m) と key の関係
1	0	9	19	118	118 < 133
2	10	14	19	131	131 < 133
3	15	17	19	140	140 > 133
4	15	15	16	133	133 = 133

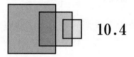 **10.4　プログラミング**

10.4.1　VBAプログラミング

VBA（Visual Basic for Applications）は，簡易プログラミング言語（スクリ
プト言語）であり，Microsoft Office 製品に搭載されている開発機能である。

VBA は，汎用プログラミング言語である Visual Basic の文法をベースとし，
つぎのようなアプリケーションソフトウェアの自動化がおもな用途である。

- Wordにおける頻繁に使用するような編集や書式設定の一連操作の自動化。
- Excel におけるデータ集計や印刷の一連操作の自動化や，条件判断や繰り
  返しといった複雑な処理を行う関数の定義。
- PowerPoint における図形やテキストの書式設定の自動化や，独自のタイ
  マー機能の作成。
- Access におけるデータベースの一連の操作手順の自動化や，メニュー画
  面を含む情報システムの開発。

　中でも，Excel における独自関数の定義などは，自分で新たな関数を追加することになるので拡張性が高い。また，Access に至っては，VBA から SQL を用いてデータベースを操作し，複数の手順をボタン一つで実行するような「定型業務」用の本格的なシステム開発さえ可能である。

10.4.2　自 動 化 処 理

　ここでは，**Microsoft Excel** を用いて，以下の〔1〕〜〔4〕の手順によって実際に VBA プログラミングを体験することで，自動化処理の仕組みを理解する。

〔1〕　VBA 開発の開始（図 10.6）

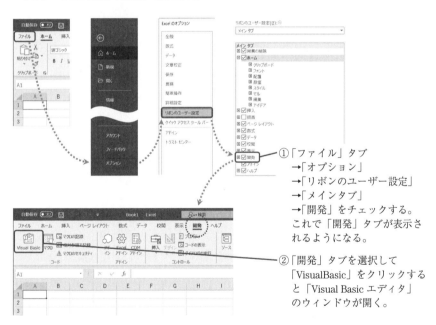

①「ファイル」タブ
　→「オプション」
　→「リボンのユーザー設定」
　→「メインタブ」
　→「開発」をチェックする。
　これで「開発」タブが表示されるようになる。

②「開発」タブを選択して「VisualBasic」をクリックすると「Visual Basic エディタ」のウィンドウが開く。

図 10.6　「開発」タブの表示と Visual Basic エディタの起動

- Excel を起動し，VBA プログラミングができるようにするためには，最初に「開発」タブが表示されるようにしておく（初期状態で非表示になっている）。

〔2〕 プログラミング（図10.7）

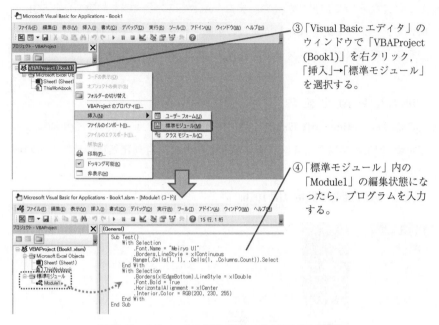

③「Visual Basic エディタ」の
ウィンドウで「VBAProject
(Book1)」を右クリック，
「挿入」→「標準モジュール」
を選択する。

④「標準モジュール」内の
「Module1」の編集状態にな
ったら，プログラムを入力
する。

図 10.7　モジュールの編集（VBA プログラムの記述）

• ここで入力するプログラムのソースコードを，**リスト 10.1** に示す。

リスト 10.1　書式設定操作の自動化プログラム

```
1   Sub Test()
2       With Selection
3           .Font.Name = "Meiryo UI"
4           .Borders.LineStyle = xlContinuous
5           Range(.Cells(1, 1), .Cells(1, .Columns.Count)).Select
6       End With
7       With Selection
8           .Borders(xlEdgeBottom).LineStyle = xlDouble
9           .Font.Bold = True
10          .HorizontalAlignment = xlCenter
11          .Interior.Color = RGB(200, 230, 255)
12      End With
13  End Sub
```

【リスト 10.1 の解説】

- 1 行目，13 行目……プログラムの手続き（サブルーチン）を定義している。サブルーチン名は「Test」である。
- 2 行目，6 行目および 7 行目，12 行目……現在のセル選択範囲（Selection）に対する処理であることを指定している。これにより，「Selection.Font.Name」は「.Font.Name」という省略形で記述できるようになる。
- 3 行目……フォントの変更
- 4 行目……格子罫線の適用
- 5 行目……セル選択範囲の 1 行目だけを選択し直す。
- 8 行目……下罫線を二重線にする。
- 9 行目……フォントを太字にする。
- 10 行目……中央ぞろえにする。
- 11 行目……RGB（赤緑青）で指定した色で塗りつぶす。

〔3〕　動 作 確 認（図 10.8）

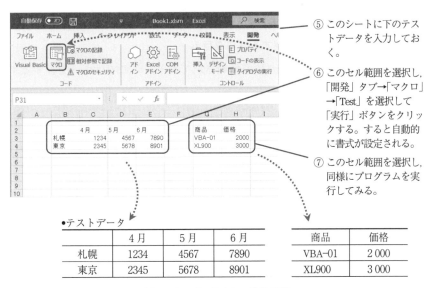

⑤ このシートに下のテストデータを入力しておく。

⑥ このセル範囲を選択し，「開発」タブ→「マクロ」→「Test」を選択して「実行」ボタンをクリックする。すると自動的に書式が設定される。

⑦ このセル範囲を選択し，同様にプログラムを実行してみる。

●テストデータ

	4月	5月	6月
札幌	1234	4567	7890
東京	2345	5678	8901

商品	価格
VBA-01	2 000
XL900	3 000

図 10.8　プログラムの動作確認

- 動作確認して,【リスト 10.1 の解説】にあるような効果が得られているか見てみるとよい。

- さらに,つぎのような処理を追加してみる。数値に 3 桁ごとのカンマをつけたために,リスト 10.1 において,4 行目と 5 行目の間につぎのような記述を挿入する。"#,##0" は Excel において 3 桁ごとにカンマをつける書式である。また,"0%" とすると,0.15 などは 15% とパーセント表示される。

    .NumberFormatLocal = "#,##0"

〔4〕 **プログラムの保存**　VBA プログラムは,Excel のデータファイル内に格納されている。ただし,保存時に「ファイル」→「名前を付けて保存」で,「ファイルの種類」を「Excel マクロ有効ブック (*.xlsm)」に変更して保存する必要がある。標準の xlsx ファイルでは,セキュリティ対策上,プログラムが除去されてしまう。

10.4.3　VBA プログラム例

VBA によるプログラミング例を紹介する。

〔1〕 **Word で単語を強調するプログラム**

VBA 機能は Microsoft Word にも搭載されており,ここではキーを押すと単

① 「開発」タブ→「VisualBasic」ボタンで VisualBasic エディタを起動したら,「Normal」を右クリック,「挿入」→「標準モジュール」を選択する。

- 標準モジュールの場所による違い
  Normal…すべての文書で使えるプログラムになる
  Project（文書名）…この文書だけで使えるプログラムになる

図 10.9　単語強調プログラムの作成

語を強調表示させるプログラムを作成する。

- Excel の場合（図 10.6 参照）と同様に「開発」タブを有効化し，**図 10.9** のようにプログラムを入力する。

- ここで入力するプログラムのソースコードを，**リスト 10.2** に示す。

リスト 10.2 　単語強調プログラム

```
1   Const Mincho As String = "游明朝"
2   Const Gothic As String = "游ゴシック"
3
4   Sub ハイライト ()
5       With Selection.Font
6           If .Name = Mincho Then
7               .Name = Gothic
8               .Bold = True
9           Else
10              .Name = Mincho
11              .Bold = False
12          End If
13      End With
14  End Sub
```

【リスト 10.2 の解説】

- 1 行目，2 行目……定数の宣言

- 5 行目……Selection.Font という名称を省略できるようにする。With 〜 End With 内では，例えば Selection.Font.Name は .Name という省略形が使える。

- 6 行目……現在選択されている文字のフォント名が Mincho と同じであるか（フォントが游明朝か）？

- 7 行目，8 行目……Mincho と同じならフォントを Gothic に，太字にする。

- 10 行目，11 行目……Mincho と違うならフォントを Mincho に，標準にする。

【ショートカットキーへの割り当て】

- 図 10.10 の操作により，キーボード操作でこのプログラムが実行されるようにする。

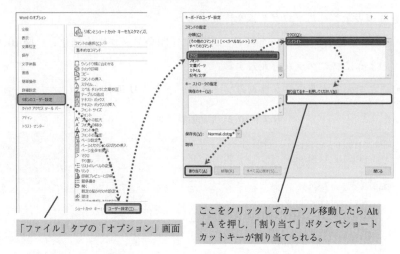

「ファイル」タブの「オプション」画面

ここをクリックしてカーソル移動したら Alt ＋A を押し，「割り当て」ボタンでショートカットキーが割り当てられる。

図10.10　ショートカットキーへの割り当て

【動作確認】

- 図10.11のように，Word で作成した文書中で単語を選択して **Alt ＋ A** キーを押してみる。プログラムが実行されると，ゴシック・太字に強調される。また，再び **Alt ＋ A** キーを押すと明朝・標準に戻る。

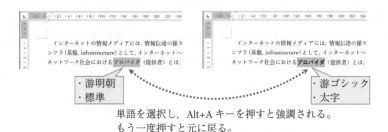

・游明朝
・標準

・游ゴシック
・太字

単語を選択し，Alt+A キーを押すと強調される。
もう一度押すと元に戻る。

図10.11　単語強調プログラムの実行

- 「このプロジェクトのマクロは無効に設定されています。」というメッセージが表示されて実行できない場合は以下の手順で実行できるようになる。
  「開発」タブ→「マクロのセキュリティ」→「マクロの設定」→「すべ

　てのマクロを有効にする」を選択して **Word** を開きなおす。

〔2〕　**Excel で図形を挿入するプログラム**

　Excel のシートに入力されている文字列をもとに，天気予報の画像ファイル
を選択してシートに挿入するプログラムを作成する。

- Excel の開発タブの Visual Basic ボタンを使い，**リスト 10.3** のプログラム
  を入力する。

【リスト 10.3 の解説】

- 1 〜 8 行目……画像ファイルを挿入する関数の作成。Mark（ファイル名，
  x 位置，y 位置，スケール）という形式で利用する。
- 10 行目〜……マクロとして実行する Tenki Mark マクロの作成。
- 12 行目……選択範囲の行数分繰り返すループ構造。
- 13 行目……選択範囲の i 行目の文字列を s に代入。
- 14 行目……文字列内の現在の処理位置 j を 1 にする。
- 15 行目，16 行目……画像挿入位置 x，y を i 行目のセルの 1 つ右のセルに
  位置づける。
- 17 行目……天気の文字列を走査するループ構造。
- 18 行目……画像サイズのスケール scl を 1 にする。
- 19 行目〜，22 行目〜……文字列中に「時々」「一時」が現れた場合，x，
  scl を調整。
- 27 行目〜 38 行目……「晴」「曇」「雨」「雪」「後」に対応する画像の挿
  入。x には挿入された画像サイズが加算されていく。
- 39 行目……次の文字位置を処理するために j を 1 進める。

【動作確認】

・**図 10.12** のように，天気予報マークの画像を用意して Excel シートを保存す
る場所に格納しておく。

・Excel で作成した天気概況シートの文字列を選択して「開発」−「マクロ」
から TenkiMark を実行する。プログラムが実行されると，画像が挿入される。

リスト 10.3 天気予報マーク挿入プログラム

```
1  Function Mark(tenki, x, y, scl)
2      size = 16 * scl
3      ActiveSheet.Shapes.AddPicture _
4          Filename:=ActiveWorkbook.Path & "¥" & tenki & ".png", _
5          LinkToFile:=False, SaveWithDocument:=True, _
6          Left:=x, Top:=y, Width:=size, Height:=size
7      Mark = size
8  End Function
9
10 Sub TenkiMark()
11     n = Selection.Rows.Count
12     For i = 1 To n
13         Set s = Selection.Cells(i, 1)
14         j = 1
15         x = s.Cells(1, 2).Left
16         y = s.Cells(1, 2).Top
17         While j <= Len(s)
18             scl = 1
19             If Mid(s, j, 2) = "時々" Then
20                 j = j + 2
21                 x = x - 4
22             ElseIf Mid(s, j, 2) = "一時" Then
23                 j = j + 2
24                 x = x - 4
25                 scl = scl * 0.7
26             End If
27             If Mid(s, j, 1) = "晴" Then
28                 x = x + Mark("晴", x, y, scl)
29             ElseIf Mid(s, j, 1) = "曇" Then
30                 x = x + Mark("曇", x, y, scl)
31             ElseIf Mid(s, j, 1) = "雨" Then
32                 x = x + Mark("雨", x, y, scl)
33             ElseIf Mid(s, j, 1) = "雪" Then
34                 x = x + Mark("雪", x, y, scl)
35             ElseIf Mid(s, j, 1) = "後" Then
36                 x = x - 4
37                 x = x + Mark("後", x, y, scl) - 4
38             End If
39             j = j + 1
40         Wend
41     Next
42 End Sub
```

	A	B	C	D
1	日	気温(°C)	天気概況	
2	1	-1.6	晴後曇	
3	2	-2.2	曇時々雨	
4	3	-2.5	曇一時晴	
5	4	-3.8	晴後曇時々雨	
6	5	-4.7	曇時々雪後晴	
7	6	-0.9	晴時々曇一時雪	
8	7	-0.9	曇一時晴後時々雪	
9	8	-2.7	曇一時雨時々雪	

	A	B	C	D
1	日	気温(°C)	天気概況	
2	1	-1.6	晴後曇	
3	2	-2.2	曇時々雨	
4	3	-2.5	曇一時晴	
5	4	-3.8	晴後曇時々雨	
6	5	-4.7	曇時々雪後晴	
7	6	-0.9	晴時々曇一時雪	
8	7	-0.9	曇一時晴後時々雪	
9	8	-2.7	曇一時雨時々雪	

天気予報マークは画像ファイルで用意しておく

範囲選択してマクロを実行すると
天気予報のマークが挿入される

雨.png 後.png 晴.png 雪.png 曇.png

図 10.12 天気予報の画像挿入プログラムの実行

索　引

—— 著者略歴 ——

1987年　北海道工業大学工学部電気工学科卒業
1987年　北海道総合電子専門学校教師
2008年　北海道工業大学講師
2014年　北海道科学大学講師（名称変更）
2018年　北海道科学大学准教授
　　　　現在に至る

実用的ソフトウェア開発や教育支援システム開発の研究に従事。

情報技術と情報管理 —— **IT** 社会の理解と判断のための教科書 ——
Information Technology and Information Management
— A Textbook for Understanding and Judgement of Information Technology Society —
© Yuuji Fukai 2020

2020年8月17日　初版第1刷発行　　　　　　　　　　　　　　　　★

検印省略	著　者　　深　井　裕　二
	発 行 者　　株式会社　コ ロ ナ 社
	代 表 者　　牛 来 真 也
	印 刷 所　　萩 原 印 刷 株 式 会 社
	製 本 所　　有限会社　愛 千 製 本 所

112-0011　東京都文京区千石4-46-10
発 行 所　株式会社 コ ロ ナ 社
CORONA PUBLISHING CO., LTD.
Tokyo Japan
振替 00140-8-14844・電話(03)3941-3131(代)
ホームページ https://www.coronasha.co.jp

ISBN 978-4-339-02910-9　C3055　Printed in Japan　　　　（森岡）